普通高等职业教育“十三五”规划教材

JAVA 程序设计

主　编　陈长亮　程　晨　程　航
副主编　邓中波　牟江涛　马　东　杨国胜
编　委　徐爽爽

图书在版编目（CIP）数据

JAVA 程序设计 / 陈长亮，程晨，程航主编 . -- 天津 : 天津大学出版社 , 2018.9（2023.3 重印）
普通高等职业教育“十三五”规划教材
ISBN 978-7-5618-6235-3

Ⅰ . ① J… Ⅱ . ①陈… ②程… ③程… Ⅲ . ① JAVA 语言—程序设计—高等职业教育—教材 Ⅳ . ① TP312

中国版本图书馆 CIP 数据核字（2018）第 204114 号

出版发行 天津大学出版社
地　　址 天津市卫津路 92 号天津大学内（邮编：300072）
电　　话 发行部：022-27403647
网　　址 publish.tju.edu.cn
印　　刷 北京盛通商印快线网络科技有限公司
开　　本 185mm × 260mm
印　　张 15.5
字　　数 493 千
版　　次 2018 年 9 月第 1 版
印　　次 2023 年 3 月第 2 次
定　　价 40.00 元

PREFACE

前言

当今社会是“互联网”的时代，也是信息时代，如何获取信息、处理信息，是每个人都会遇到的事情。无论网上购物，还是移动支付，都有信息流的流动，而支撑这种信息技术广阔应用的计算机语言就数Java语言。本书在贯彻落实《国家中长期教育改革和发展规划纲要（2010—2020年）》的前提下，结合教育部颁发的《关于深化教育改革培养适应二十一世纪需要的高质量人才的意见》，根据普通高等院校教育人才培养的目标及要求编写。

全书内容依据Java的功能和实际用途来安排，大部分功能介绍都以“理论＋实例＋操作”的形式进行，并且所举实例简单、典型、实用，从而便于读者理解所学内容，并能活学活用；将Java的一些使用技巧很好地融入到了书中，从而使本书获得增值。本书力求详略得当，使读者快速掌握Java程序设计的方法。本书的完成以任务驱动法为指导思想全面讲解了Java的基础内容和编程方法。

全书共分11章。

第1章Java程序设计语言概述。介绍了Java的特点和目标，带领读者完成Java开发环境的搭建，为使读者能够快速掌握Java语言程序设计的相关语法、技术以及其他知识点，为大家介绍了目前流行的IDE集成开发工具Eclipse及使用其开发Java程序的流程。

第2章Java语言基础。Java语言是完全面向对象的，而Java语言中所建立的对象在某种程度上是由结构化构成的程序块，要说明对象的组织，需要以结构化编程中的控制结构作为基础。结构化编程技术不仅适用于Java，而且也适用于大多数高级语言。

第3章Java面向对象编程。Java的面向对象问题，主要介绍了与Java面向对象编程技术（Object-Ooriented Programming，OOP）相关的基本概念和术语。如何创建和使用类和对象，是基于对象编程（Object-Based Programming，OBP）的核心问题；而继承和多态性则是使面向对象编程成为可能的关键技术。

第4章字符串。Java处理字符串和字符的功能。详细的讨论java.lang包中的String类、StringBuffer类的功能。这些类为在Java中操作字符串和字符提供了基本功能。

第5章Java常用类库。介绍Java语言中常用的类库，包括Date类、Calendar类、Math类、BigInteger类、Runtime类、System类和Random类。通过几个常用类的使用，引导读者养成查阅JDK API的习惯，这是用好Java的关键方法之一。

第6章Java异常。为使采用Java语言开发的软件系统具有高度的可靠性、稳定性和容错性，Java提供了完善的异常处理机制。

第7章Java集合框架。Java集合框架为程序员提供了一个良好的应用程序接口，将多个元素组成一个单元的对象，它们定义了可以完成各种类型集合的操作。

第8章Java输入与输出。能够正确地使用各种输入、输出流，实现对文本文件、二进制文件和其他数据的操作，有助于编写出更为完善的Java程序。

第9章Java线程。Java将线程概念引入程序设计语言中，让程序员利用线程机制编写多线程程序，使系统能够同时运行多个执行体，从而加快程序的响应速度。

第10章Java图形界面。图形用户界面（Graphics User Interface，GUI）为与程序进行交互提供了一种用户友好的机制。在应用程序设计中，用户界面设计是非常重要的，良好的图形用户界面将有效提高软件的交互性和灵活性。通过为不同程序提供一致的、直观的用户界面组件，使用户在使用程序前就能在一定程度上熟悉程序界面，从而减少用户学习使用程序所需时间，并以创新方式提高用户使用程序的能力。

第11章Java数据库编程。Java数据库连接（Java Data Base Connectivity，JDBC）是Java为了支持SQL功能而提供的与数据库相关联的用户接口和类。利用它们可以和各种数据相关联，而不必关心底层与具体的数据库管理系统的连接和访问过程。

为了使大家更好、更方便地学习和掌握Java程序设计方法，除教材外，我们提供教材中所有的程序代码和教学课件演示。

本书由重庆信息技术职业学院软件学院陈长亮、安徽国际商务职业学校程晨、安徽国际商务职业学校程航担任主编，重庆信息技术职业学院软件学院邓中波、重庆信息技术职业学院牟江涛、宁夏民族职业技术学院马东担任副主编，卓新高等专科学院徐爽爽任编委。

本书适合普通高等院校或独立学院计算机本科专业的学生使用，也可供成人教育和高职高专院校使用，亦可作为程序员的参考用书。

编　者

第 1 章　Java 程序设计语言概述

第 2 章　Java 语言基础

第 3 章　Java 面向对象编程

第 8 章 Java 输入与输出

第 9 章 Java 线程

第 10 章 Java 图形界面

第 11 章 Java 数据库编程

第1章

Java程序设计语言概述

▶ 本章导读

Java 是由 Sun 公司开发的一种应用于分布式网络环境的程序设计语言，Java 语言拥有跨平台的特性，它编译的程序能够运行在多种操作系统平台上，可以实现“一次编写，到处运行”。本章首先介绍了 Java 的特点和目标，然后带领读者完成 Java 开发环境的搭建，其中包括 JDK 的下载和安装步骤，Java 运行环境，又介绍了 JDK 相关环境变量的配置和 JDK 环境的测试方法。通过 Java 程序的运行过程让读者理解 Java 程序的运行原理。最后，为使读者能够快速掌握 Java 语言程序设计的相关语法、技术以及其他知识点，本章为大家介绍了目前流行的 IDE 集成开发工具 Eclipse 及使用其开发 Java 程序的流程。

 1.1 认识Java

 1.1.1 阅读任务1——Java语言的诞生

20世纪90年代，Sun公司为了抢占市场先机，在1991年成立了一个称为Green的项目小组，帕特里克、詹姆斯·高斯林、麦克·舍林丹和其他几个工程师一起组成的工作小组在加利福尼亚州门洛帕克市沙丘路的一个小工作室里面研究开发新技术，专攻计算机在家电产品上的嵌入式应用。

由于C++所具有的优势，该项目组的研究人员首先考虑采用C++来编写程序。但使用C++语言面临内容复杂和庞大，难于跨平台运行的难题。于是，Sun公司研发人员根据嵌入式软件的要求，对C++进行了改造，去除了C++的一些不太实用及影响安全的成分，并结合嵌入式系统的实时性要求，开发了一种称为Oak的面向对象的语言。

Oak语言也因为缺乏硬件的支持而无法进入市场，从而被搁置了下来。但这期间研究人员用软件建设了一个运行平台。

1994年六七月间，研究人员决定将该技术应用于万维网。

Java从1995年发布时的Alpha1.0版本经历了JDK1.0、JDK1.1、JDK1.2及目前的JDK1.3版本，到1998年12月Sun发布了Java2平台，Java2平台的发布是Java发展史上的里程碑。Sun公司已将Java企业级应用平台作为发展方向，到目前Java家族中已有了下面3个主要成员：可扩展的企业级应用Java2平台J2EE、用于工作站和PC机的Java标准平台J2SE以及用于嵌入式Java消费电子平台J2ME。

Java SE（Java Standard Edition）包含了标准的JDK、开发工具、运行时环境和类库，适合开发桌面应用程序和底层应用程序。同时它也是Java EE的基础平台。

Java EE（Java Enterprise Edition）采用标准化的模块组件，为企业级应用提供了标准平台，简化了复杂的企业级编程。现在Java EE已经成为了一种软件架构和企业级开发的设计思想。

Java ME（Java Micro Edition）包含高度优化精简的Java运行时环境，主要用于开发具有有限的连接、内存和用户界面能力的设备应用程序。例如移动电话（手机）、PDA（电子商务）、能够接入电缆服务的机顶盒或者各种终端和其他消费电子产品。

今天，无论是银行管理还是手机消费，从科学研究的巨型计算机到笔记本电脑，Java的身影无处不在，可见Java已经成为行业内最流行最时髦的编程技术。

 1.1.2 阅读任务2——Java语言的特点

1. 简单

Java语言的语法与C语言和C++语言很接近，使得大多数程序员很容易学习和使

用。另一方面，Java 丢弃了 C++中很少使用的、很难理解的、令人迷惑的那些特性，如操作符重载、多继承、自动的强制类型转换。特别地，Java 语言不使用指针，而是引用，并提供了自动的废料收集，使得程序员不必为内存管理而担忧。

2. 分布式

Java 中内置了 TCP/IP、HTTP、FTP 等协议。因此，Java 应用程序可以通过 URL 地址访问网络上的对象，访问方式与访问本地文件系统几乎完全相同。

3. 面向对象

Java 语言提供类、接口和继承等面向对象的特性，为了简单起见，只支持类之间的单继承，但支持接口之间的多继承，并支持类与接口之间的实现机制（关键字为 implements）。Java 语言全面支持动态绑定，而 C++语言只对虚函数使用动态绑定。总之，Java 语言是一个纯的面向对象程序设计语言。

4. 健壮

Java 能够检查程序在编译和运行时的错误。类型检查能帮助用户检查出许多在开发早期出现的错误。同时许多集成开发环境（IDE）的出现使编译和运行 Java 程序更加容易。

5. 解释器通用性

Java 程序在 Java 平台上被编译为字节码格式，然后可以在实现这个 Java 平台的任何系统中运行。在运行时，Java 平台中的 Java 解释器对这些字节码进行解释执行，执行过程中需要的类在联接阶段被载入到运行环境中。

6. 可移植性

可移植性缘于体系结构的中立性，另外，Java 还严格规定了各个基本数据类型的长度。Java 系统本身也具有很强的可移植性，Java 编译器是用 Java 实现的，Java 的运行环境是用 ANSI C 实现的。

7. 高效能

虽然 Java 字节码是解释运行的，但经过仔细设计的字节码可以通过 JIT 技术转换成高效能的本机代码。

8. 安全

Java 通常被用在网络环境中，为此，Java 提供了一个安全机制以防恶意代码的攻击。除了 Java 语言具有的许多安全特性以外，Java 对通过网络下载的类具有一个安全防范机制（类 ClassLoader），如分配不同的名字空间以防替代本地的同名类、字节代码检查，并提供安全管理机制（类 SecurityManager）让 Java 应用设置安全哨兵。

9. 多线程

Java 支持多线程编程，多线程机制使程序代码能够并行执行，充分发挥了 CPU 的运行效率。程序设计者可以用不同的线程完成不同的子功能，极大地扩展了 Java 语言的功能。

1.2 初识最简单的Java应用程序

1.2.1 阅读任务1——Hello World程序及分析

Java有两类程序，即Java小程序（Java Applet）和Java应用程序（Java Application），前者需要嵌入网页在浏览器中执行；后者是在命令行运行的独立的应用程序，类似于以往用其他高级语言开发的程序。本任务中初识一个最简单的Java应用程序，以此来了解程序的基本结构，并学习Java应用程序的开发流程。

在下面的分析中，为了叙述方便，特地为Hello World程序的源代码行增加上编号。

```
public class HelloWorld
{
  public static void main (String args [])
   {
  System. out. println (" hello world!!!");
  }
}
```

第1行是注释行。注释可以放在程序的开头或某条语句之后，对程序作出必要的解释，以提高程序的可读性。Java语言有3种注释：格式一，“//注释内容”，只能注释一行内容；格式二，“/*注释内容*/”，可以注释一行或多行内容；格式三，“/**注释内容*/”，可以注释一行或多行内容，并且可以生成专门的Javadoc。

第2行是类的声明。这里的“HelloWorld”是类的名称，使用关键字class来声明类，使用关键字public来限定该类的访问属性是公共的。第3行的花括号同第8行的花括号是一对，其内部是类体，类体中说明该类的属性（成员变量）和行为（成员方法），本例中只有成员方法的定义。

Java语言中的基本单位是类。类是具有某些共同特性的实体型对象的集合。一个程序文件可以定义多个类，但仅允许有一个公共的类。源文件的文件名要与公共类的名称相同（包括大小写），扩展名为.java。因此，本例的文件名必须是HelloWorld.java。

第4行是类的成员方法的声明。main（）方法是Java应用程序的入口方法，也就是说，程序在运行的时候，第一个执行的方法就是main（）方法。关键字public表示方法是公共的，可以在其他类中访问；关键字static表示方法是静态的；关键字void表示方法没有返回值。main方法后圆括号中是方法的参数列表，是方法内的局部变量，接收从外部向main方法传递的参数，通常写成String args []，表明所接收的参数是一个名为args的字符串数组。

Java 类声明通常包含一个或多个方法。对于一个 Java 应用程序，其中只有一个必须称为 main，并且必须按第 4 行那样进行定义，这是每个 Java 应用程序的起点，并通过 main 方法调用类中的其他方法。

第 5 行的花括号同第 7 行的花括号是一对，其内部是方法体，可以声明该方法的局部变量以及书写执行语句，实现具体功能。

第 6 行是 main 方法的唯一的语句，其功能是在标准输出设备（屏幕）上输出一行字符。“hello world!!!”是一个字符串，必须用双引号括起来。末尾的分号也必不可少，表明是一条 Java 语句。

为了实现屏幕输出，这里使用了系统包 java. lang 中的 System 类，该类中的静态成员变量 out 是一个标准输出流类对象，通过它调用标准输出流类中的 println 方法，可以将作为参数的字符串输出到屏幕并换行。

1.2.2 操作任务 1——使用简单工具编辑 Java 应用程序

首先，请确定计算机已经配置好 java 开发环境，否则程序无法运行。

步骤一，新建一个记事本文件，如图 1-1 所示。

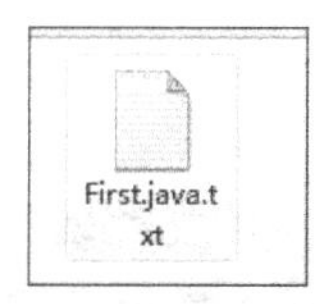

图 1-1 新建记事本文件

First 是这个记事本的文件名，必须要带上 . java 后缀名。

步骤二，开始手写一个简单的小程序，如图 1-2 所示。

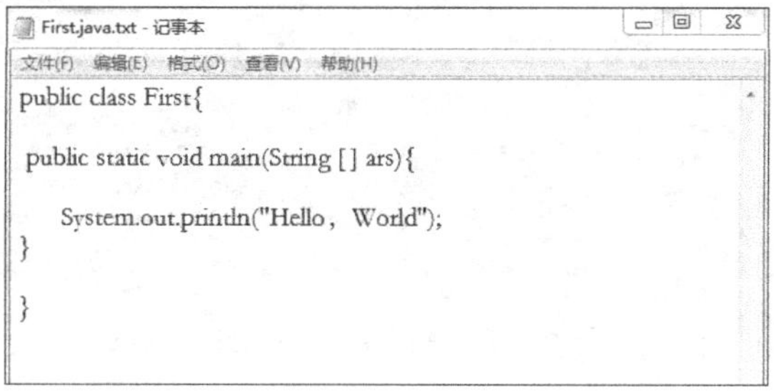

First.java.txt - 记事本

文件(F) 编辑(E) 格式(O) 查看(V) 帮助(H)

```
public class First{

 public static void main(String [] ars){

      System.out.println("Hello， World");
}

}
```

图 1-2 编写程序

写完保存以后，去掉记事本文件的. txt 后缀名，如图 1-3 所示。

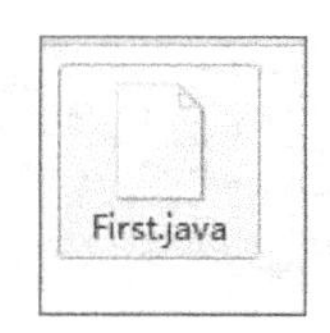

图 1-3 去掉. txt 后缀名

去掉后缀名以后，文件格式会发生变化。

步骤三，打开 dos 窗口编译文件。

用 win+R 组合键打开运行窗口，输入 cmd 后运行，会打开 dos 窗口，如图 1-4 所示。

图 1-4　打开 dos 窗口

由于该记事本文件存放在 D 盘，所以打开窗口后，输入“d:”切换到 D 盘目录，如图 1-5 所示。

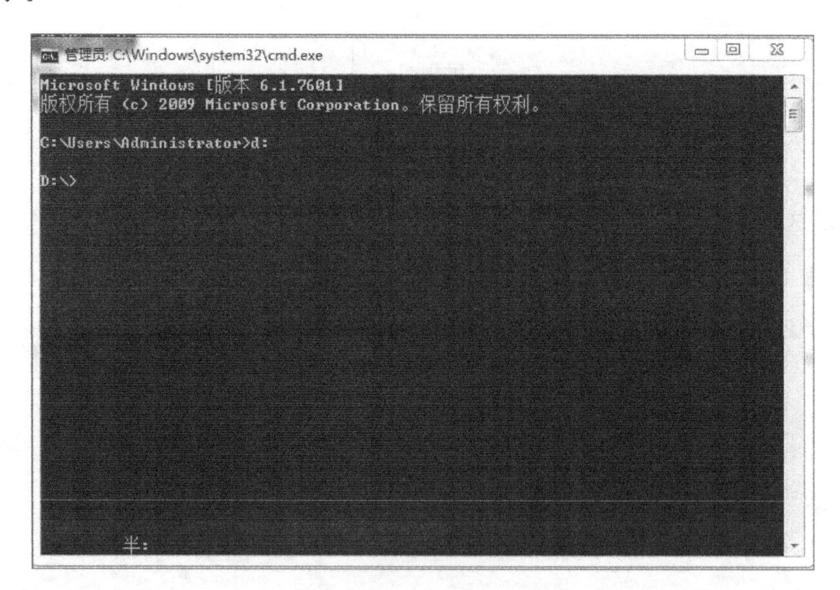

图 1-5　切换到 D 盘目录

切换到记事本所在的文件夹，这里文件夹名为 123，如图 1-6 所示。

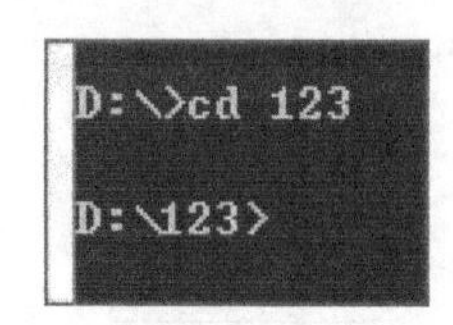

图 1-6　切换到记事本所在的文件夹

直接放在盘里的可以省略这一步。

第四步，切换到正确的路径以后，就可以开始对记事本文件进行编译了，如图 1-7 所示。输出 java 文件名。

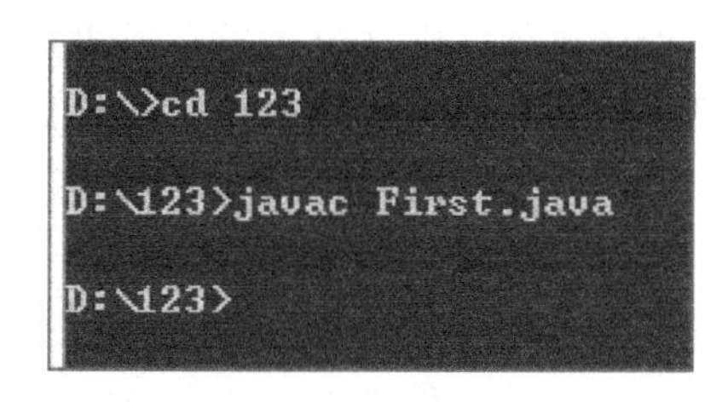

图 1-7 编译文件

如果输入以后没有报错，说明编译成功。编译成功以后，存放记事本文件的文件夹还多出了一个同名的格式为 class 的文件，如 1-8 所示。

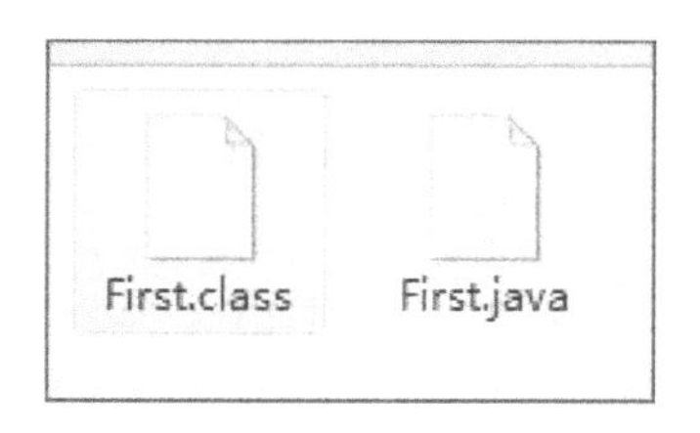

图 1-8 class 文件

第五步，输入 java 文件名，运行程序，如图 1-9 所示。

图 1-9 运行程序

输出“Hello，World”。程序运行成功。

1.2.3 阅读任务 2——执行 Java 程序的原理

Java 是通过 Java 虚拟机进行编译和运行的。

Java 虚拟机是编译和运行 Java 程序等的各种命令及其运行环境的总称。Java 源程序在编译之后生成后缀为“.class”的文件，该文件以字节码（bytecode）的方式进行编码。这种字节码实际上是一种伪代码，它包含各种指令，这些指令基本上是与平台无关的指令。Java 虚拟机在字节码文件（及编译生成的后缀为 .class 的文件）的基础上解释这些字节码，及将这些字节码转行成为本地计算机的机器代码，并交给本地计算机执行。

这样，字节码实际上是一种与平台无关的伪代码，通过 Java 命令变成在各种平台上的机器代码。这些伪代码最终是在本地计算机平台上运行的，但 Java 程序就好像是在这些 Java 命令的基础上运行的，因此这些 Java 命令的集合好像是采用软件技术实现的一种虚拟计算机。这就是 Java 虚拟机名称的由来。

Java 虚拟机执行字节码的过程由一个循环组成，它不停地加载程序，进行合法性和安全性检测以及解释执行，直到程序执行完毕（包括异常退出）。Java 虚拟机首先从后缀为“. class”文件中加载字节码到内存中；接着在内存中检测代码的合法性和安全性，例如，检测 Java 程序用到的数组是否越界、所要访问的内存地址是否合法等；然后解释执行通过检测的代码，及根据不同的计算机平台将字节码转化成为相应的计算机平台的机器代码，再交给相应的计算机执行。如果加载的代码不能通过合法性和安全性检测，则 Java 虚拟机执行相应的异常处理程序。Java 虚拟机不停地执行这个过程直到程序执行结束。虽然 Java 语言含有编译命令，但是 Java 虚拟机对字节码的解释执行机制决定了 Java 语言是一种解释执行的语言。

Java 程序的执行原理如图 1-10 所示。

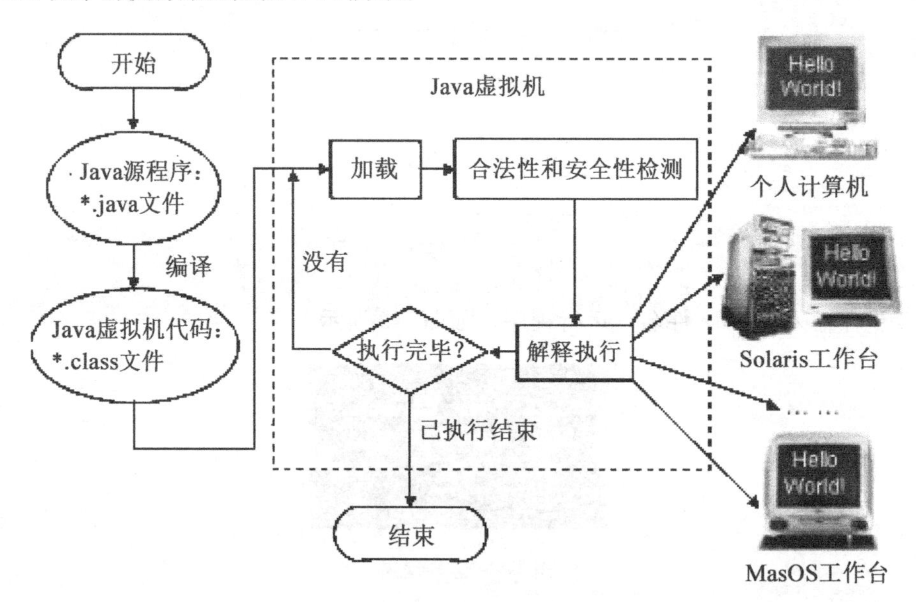

图 1-10　执行 Java 程序原理

 1.3　配置 Java 开发环境

 1.3.1　阅读任务 1——Java 的设计目标

Internet 迅猛发展，使 Java 迅速成为了最流行的网络编程语言。最初设计 Java 有以下几个目标：

（1）不依赖于特定的平台，一次编写到处运行；

（2）完全的面向对象；

（3）内置对计算机网络的支持；

（4）借鉴 C++优点，尽量简单易用。

1.3.2 操作任务 1——Java 运行环境的搭建

JDK（Java Development Kit）是 Java 的开发工具包，是 Java 开发者必须安装的软件环境。JDK 包含了 JRE 和开发 Java 程序所需的工具，如编译器、调试器、反编译器和文档生成器等。

JRE（Java Runtime Environment）是 Java 运行时环境，包含了类库和 JVM（Java 虚拟机），是 Java 程序运行的必要环境。如果只运行 Java 程序，没有必要安装 JDK，只要安装 JRE 就可以了。

需要注意，Java 是跨平台的开发语言，根据平台的不同要选择不同的 JDK。本书选择 Windows 平台。JDK 又分为在线安装包和离线安装包两种，这里选择离线安装方式。

下载的 JDK1.6 安装包保存到硬盘上，文件名为 jdk－6u2－windows－i586－p.exe，执行该文件，按照向导安装。关闭所有正在运行的程序，接受许可协议，设置 JDK 的安装路径并选择要安装的组件，如图 1-11 所示。

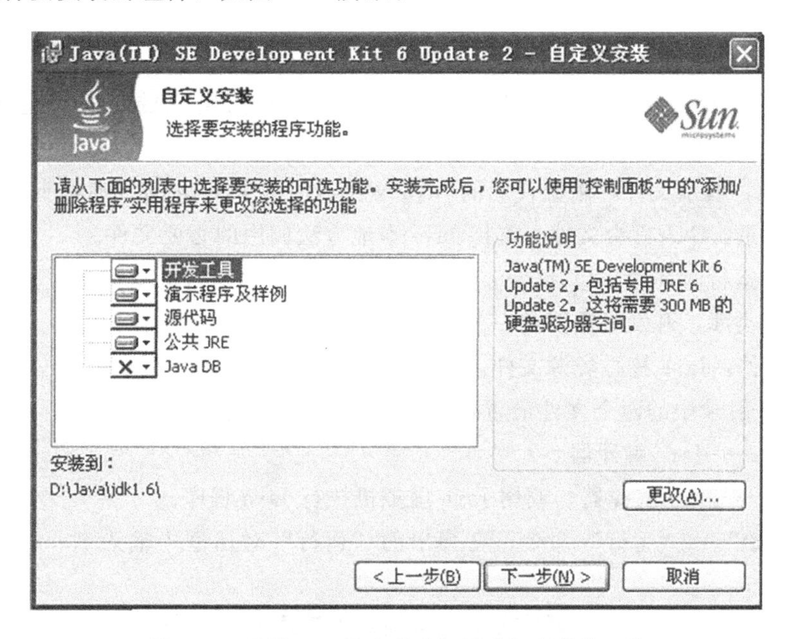

图 1-11　设置 JDK 的安装路径及选择安装的组件

更改安装路径到“D：\Java\jdk1.6”，选择要安装的组件。在安装过程中定义 JRE 安装路径到“D：\Java\jrek1.6”。在弹出的提示安装完成的对话框中，取消选中“显示自述文件”复选框，单击“完成”按钮，即可完成 JDK 的安装。

安装完成后的 JDK1.6 的目录如图 1-12 所示。

图 1-12　JDK 安装目录

主要目录和文件简介如下。

bin 目录：开发工具，包括开发、运行、调试和文档生成的工具，主要是 * .exe 文件。

demo 目录：演示文件，附源代码的 Java 文件，演示了 Java 的一些功能。

include 目录：C 语言头文件，支持 Java 本地方法调用的必要文件。

jre 目录：运行时环境，包括 Java 虚拟机、类库、辅助运行的支持文件。

lib 目录：类库，开发时需要的一些类库和文件。

src. zip 文件：Java 核心类源文件，感兴趣的学习者可以解压后研究。

其中，bin 目录中的两个文件最重要，编程中经常使用。

javac. exe ——Java 编译器。

java. exe ——Java 解释器，调用 Java 虚拟机执行 Java 程序。

选择“开始”→“运行”命令，在弹出的“运行”对话框中输入“cmd”，如图 1-13 所示。

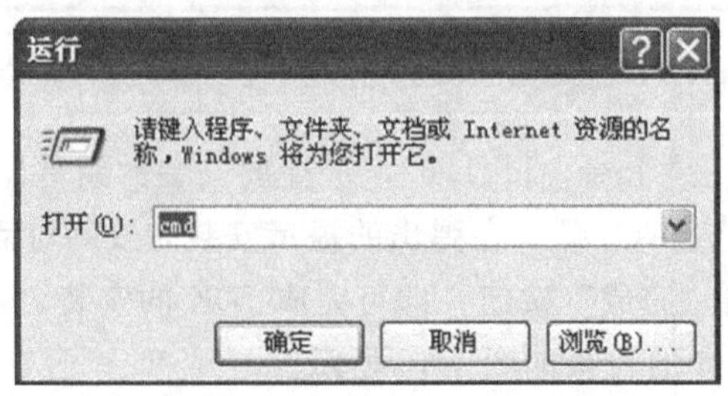

图 1-13　输入“cmd”

进入 DOS 命令行，输入“java version”并按回车键，出现如图 1-14 所示界面，即为安装成功。

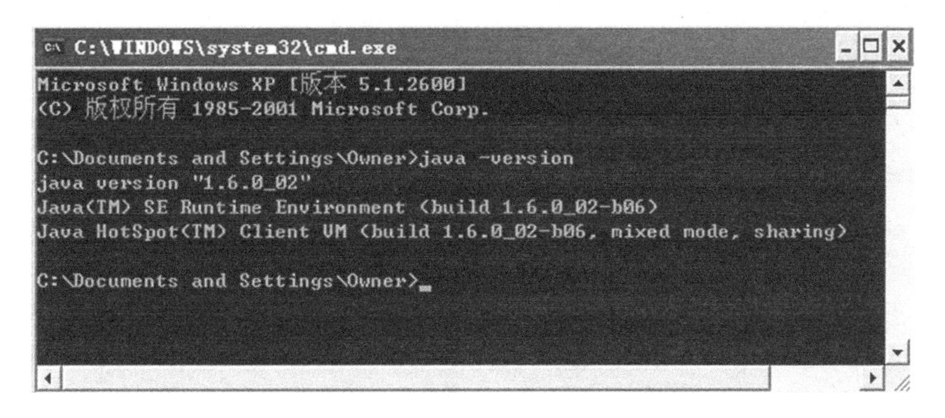

图 1-14 测试 JDK 是否安装成功

安装完 JDK 后，需要设置环境变量及测试 JDK 配置是否成功，具体操作步骤如下。

(1) 右键单击计算机，选择属性，进入，单击高级系统设置→环境变量，如图 1-15 所示。

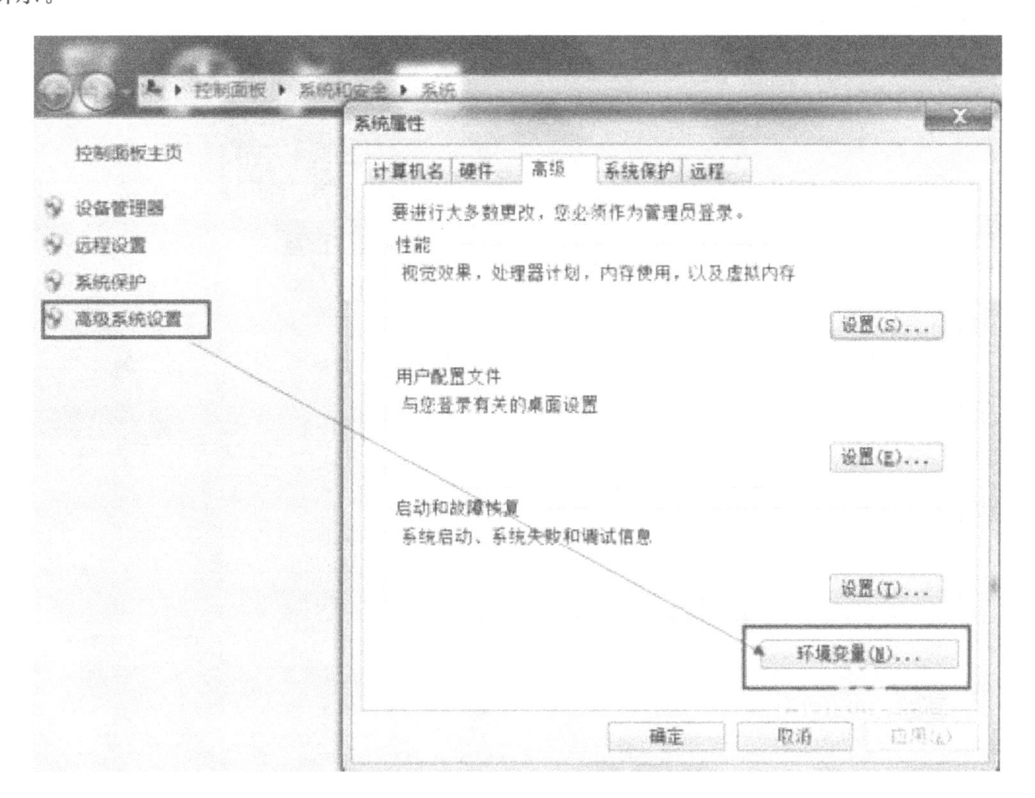

图 1-15 进入系统属性界面

环境变量设置界面如图 1-16 所示。

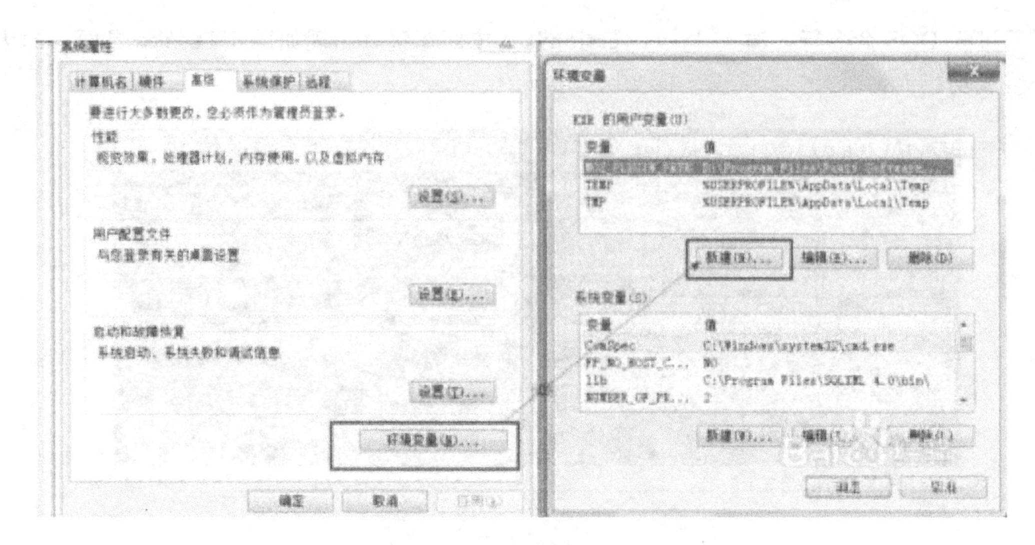

图 1-16 环境变量设置界面

(2) 用户变量和系统变量，在哪个里面设置都可以。选择用户变量，单击“新建”按钮，在“变量名”输入框中写入“java _ home”，在“变量值”输入框中写入“D：\ Program Files \ Java \ jdk1. 6. 0 _ 43”(根据安装路径填写)，然后单击“确定”按钮，java _ home 就设置完成了，如图 1-17 所示。

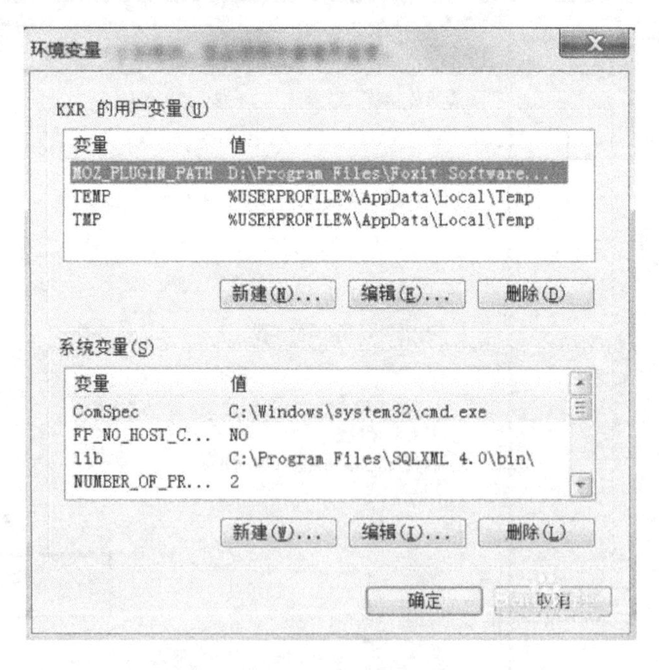

图 1-17 设置环境变量

(3) 选中“系统变量”，查看是否有 classpath 项目，如果已经存在就选中 classpath 选项，单击“编辑”按钮，在最后加上分号，填写“C：\ Program Files \ Java \ jdk1. 6. 0 \ j \ lib；C：\ Program Files \ Java \ jdk1. 6. 0 \ lib \ tools. jar；C：\ Program

Files \ Java \ jdk1. 6. 0 \ lib \ dt. jar”。如果没有就单击“新建”按钮，然后在“变量名”中填写“classpath”，在“变量值”中填写“C： \ Program Files \ Java \ jdk1. 6. 0 \ j \ lib；C： \ Program Files \ Java \ jdk1. 6. 0 \ lib \ tools. jar；C： \ Program Files \ Java \ jdk1. 6. 0 \ lib \ dt. jar”，如图 1-18 所示。

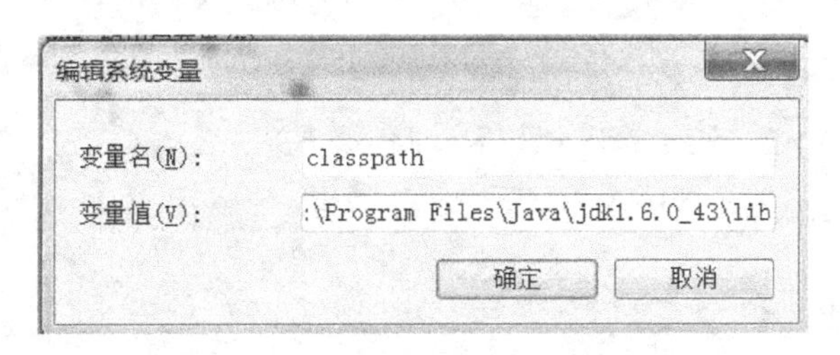

图 1-18 编辑系统变量

（4）进行“path”的配置。同上“classpath”设定时类似，如果有，则后面加上个分号继续输入“C： \ Program Files \ Java \ jdk1. 6. 0 \ bin”，没有则在“变量名”输入框填写“path”，“变量值”输入框填写“C： \ Program Files \ Java \ jdk1. 6. 0 \ bin”，如图 1-19所示。

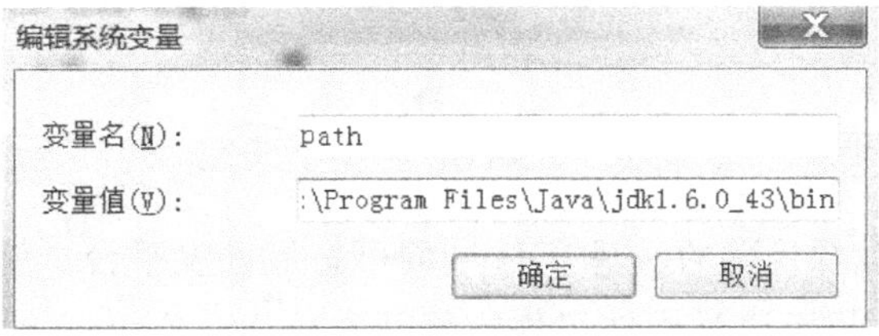

图 1-19 编辑系统变量

JDK 环境变量已经配置完成后，还需要验证是否配置好了。使用快捷键 Win+R 打开运行（Win 键在 Ctrl 键和 Alt 键旁边，微软标志），输入 cmd，按回车键，打开命令提示符窗口，输入“java －version”，特别注意 java 和－version 之间有一个空格，按回车键，JDK 版本信息显示出来了，证明 JDK 已经配置好了，如图 1-20 和图 1-21 所示。

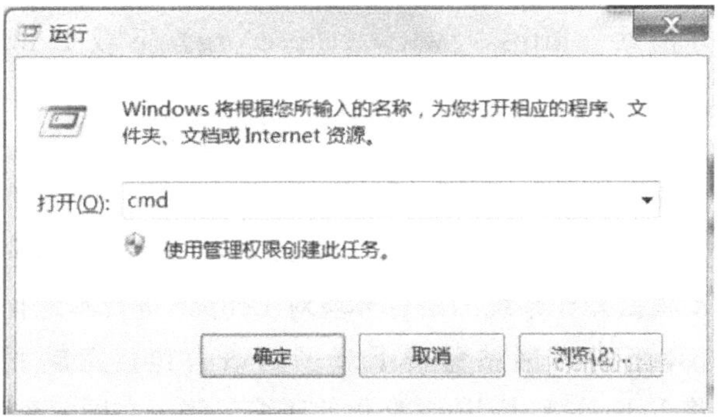

图 1-20 打开命令提示符窗口

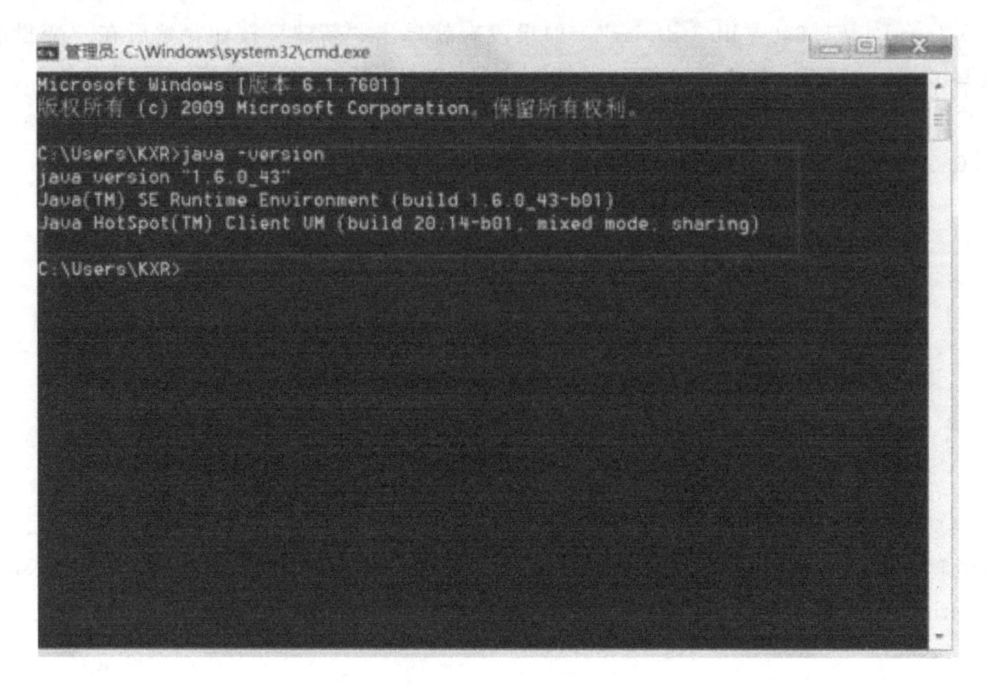

图 1-21 配置成功

1.3.3 阅读任务 2——认识 Java 开发工具 Eclipse

Eclipse 是一个开放源代码的、基于 Java 的可扩展开发平台。就其本身而言，它只是一个框架和一组服务，用于通过插件组件构建开发环境。Eclipse 附带了一个标准的插件集，包括 Java 开发工具 JDK。

1.3.4 操作任务 2——安装 Java 开发工具 Eclipse

虽然 Eclipse 支持国际化，但是它默认的启动方式并不是本地化的应用环境，还需要进行相应的配置，如中文语言包、编译版本等。

1. 安装 Eclipse

从 Eclipse 的官方网站（http：//www. eclipse. org）下载 Eclipse。本书中使用的 Eclipse版本为 3. 5。

Eclipse 下载结束后，解压，即完成了 Eclipse 的安装。

2. 配置 Ecl. pse 中文包

直接解压的 Eclipse 是英文版的，通过安装 Eclipse 的多国语言包，可以实现 Eclipse 的本地化，它可以自动根据操作系统的语言环境对 Eclipse 进行本地化。

读者可以到 Eclipse 的官方网站免费下载多国语言包，完成下载后，将其解压到 Eclipse文件夹中，即将 Eclipse 和 Eclipse 汉化的压缩包解压在同一个位置，这样就完成了汉化。

然后启动 Eclipse，此时即可看到汉化的 Eclipse。

3. 启动 Eclipse

在安装和配置完多国语言包后，就可以启动 Eclipse 了。Eclipse 初次启动时，需要设置工作空间，本书将 Eclipse 安装到 D 盘根目录下，将工作空间设置在“D：\ eclipse \ workspace”中，如图 1-22 所示。

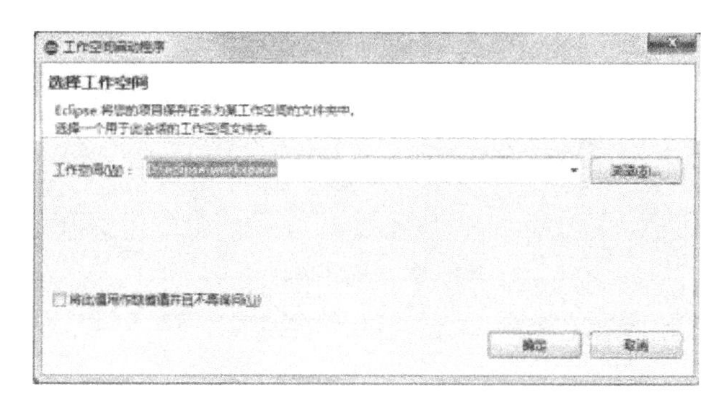

图 1-22 设置工作空间

每次启动 Eciipse 时，都会出现设置工作空间的对话框：如果不需要每次启动都出现该对话框，可以通过勾选“将此值用作缺省值并且不再询问”选项将该对话框屏蔽。单击“确定”按钮，即可启动 Eclipse，进入 Eclipse 的工作台。图 1-23 所示为 Eclipse 的欢迎界面。

图 1-23 Eclipse 的欢迎界面

如果正确地配置了 Eclipse 的中文包，那么在 Eclipse 启动之后，所有菜单、工具栏，甚至是欢迎界面中的概述、新增内容、教程等信息都是中文的。

Eclipse 工作台（WorkBench）是一个 IDE 开发环境。它可以通过创建、管理和导航工作空间资源提供公共范例来获得无缝工具集成。每个工作台窗口可以包括一个或多个透视图，透视图可以控制出现在某些菜单栏和工具栏中的内容。

工作台窗口的标题栏指示哪一个透视图是激活的。如图 1-24 所示，“Java 透视图”正在使用，“包资源管理器”视图、“大纲”视图等随编辑器一起被打开。

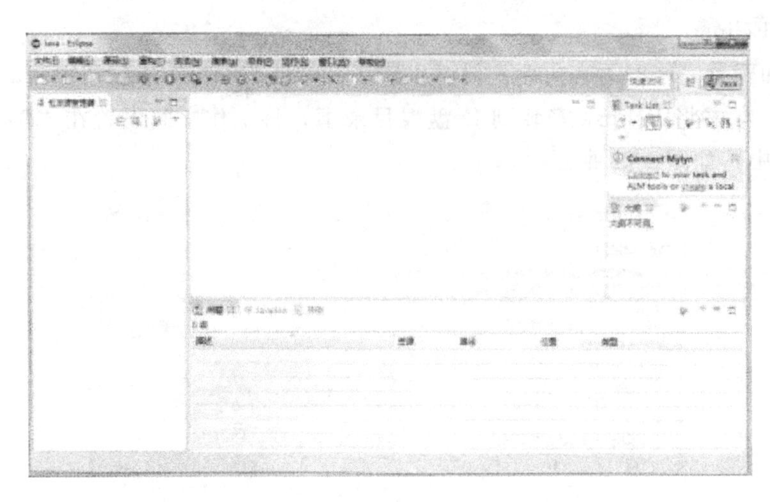

图 1-24　Eclipse 工作台

工作台窗口主要由以下几部分组成：

（1）标题栏；

（2）菜单栏；

（3）工具栏；

（4）透视图。

其中透视图包括视图和编辑器。

1.3.5　操作任务 3——使用 Eclipse 编写 Java 程序

Eclipse 编写 Java 程序必须经过新建 Java 项目、新建 Java 类、编写 Java 代码和运行程序 4 个步骤，下面分别介绍。

步骤 1：新建 Java 项目。

（1）在 Eclipse 中选择“File”→“New”→“Java Project”命令，如图 1-25 所示。

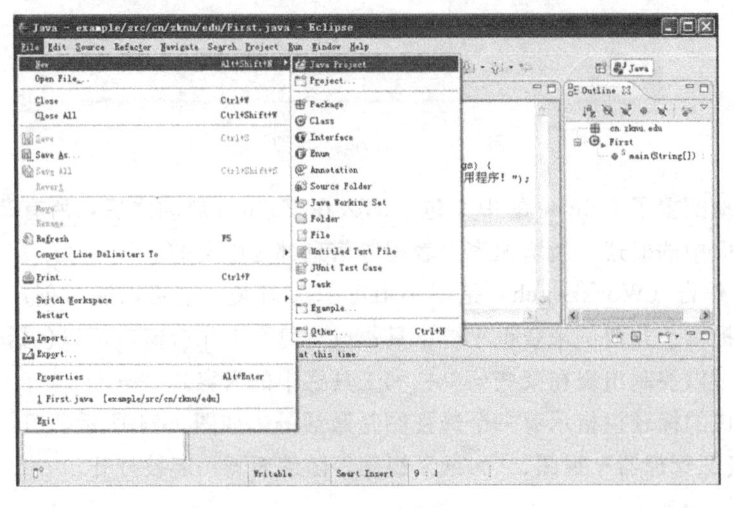

图 1-25　选择“Java Project”命令

(2) 打开 Create a Java Project（新建项目）对话框，如图 1-26 所示。

图 1-26 Create a Java Project（新建项目）对话框

3）单击“Next”按钮，进入 Jave Settings（Java 构建设置）对话框，配置 Java 的构建路径，如图 1-27 所示。

图 1-27 Jave Settings（Java 构建设置）对话框

在对话框中，Java 的源文件（Java 文件）放在 src 文件夹中，生成的 class 文件放在 bin 文件夹，一般不做修改。单击“Finish”按钮，完成 Java 项目的创建。

完成 Java 项目新建后，在 Package Explorer（包资源管理器）视图中将出现新创建的项目 lesson01，如图 1-28 所示。包资源管理器视图中包含所有已经创建的 Java 项目。

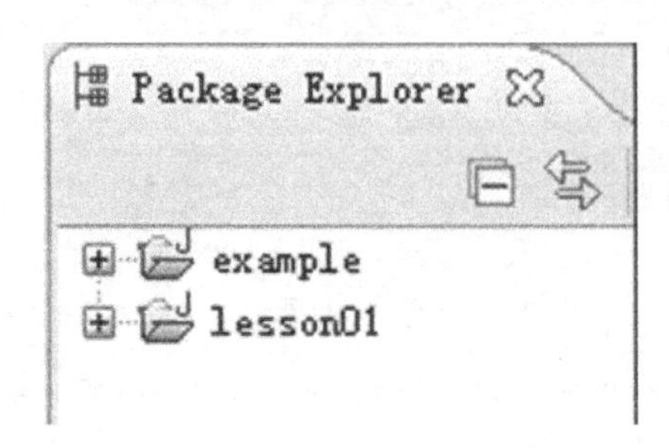

图 1-28　包资源管理器

步骤 2：新建 Java 类。

在 lesson01 中创建 Java 类，具体步骤如下。

(1) 展开“lesson01”→“New”→“class”选项，右击“class”选项，弹出 Java Class（新建 Java 类）对话框，如图 1-29 所示。

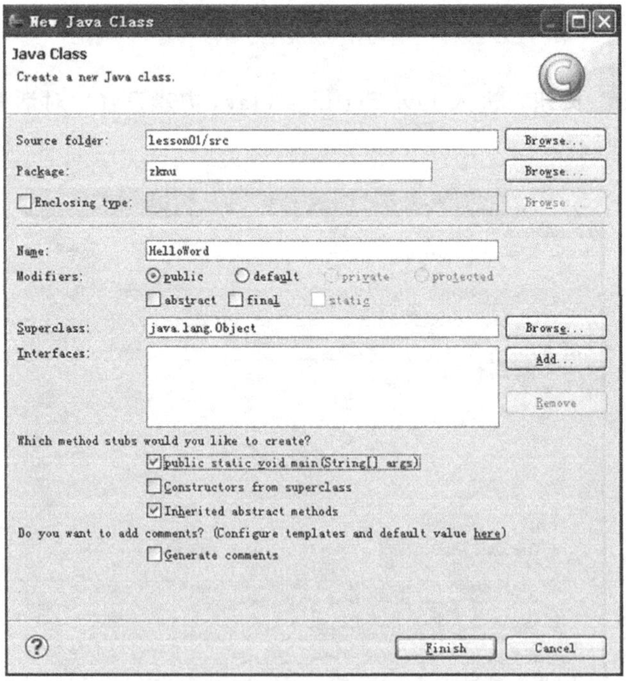

图 1-29　创建 Java 类

其中部分参数含义如下。

Sourse folder（源文件夹）：用于输入新类的源代码文件夹。

Package（包）：用于存放新类的包。

Enclosing type（外出类型）：选择此项用以选择要在其中封装新类的类型。

Name（名称）：输入新建 Java 类的名称。

Modifiers（修饰符）：为新类选择一个或多个访问修饰符。

Superclass（超类）：为该新类选择超类，默认为 java. lang. Object 类型。

Interfaces（接口）：编辑新类实现的接口，默认为空。

（2）在新类中选择默认创建哪些方法，三项分别如下：

① 将 main 方法添加到新类中；

② 从超类复制构造方法到新类中；

③ 继承超类或接口的方法。

（3）单击“Finish”按钮，完成 Java 类的创建。

步骤 3：编写 Java 代码。

在 Eclipse 编辑区编写 Java 程序代码，Eclipse 会自动打开源代码编辑器。HelloWorld 类的代码如图 1-30 所示。

```
package zknu;
public class HelloWord {
    public static void main(String[] args) {
        System.out.println("第一个Java应用程序！ ");
    }
}
```

图 1-30　Eclipse 中 HelloWorld 类的代码

步骤 4：运行 Java 程序。

在工具栏中单击按钮右侧的下三角按钮，在弹出的下拉菜单中选择“Run As”（运行方式）→“Java Application”（Java 应用程序）命令，如图 1-31 所示，程序开始运行，运行结束后，在控制台视图中将显示程序的运行结果，如图 1-32 所示。

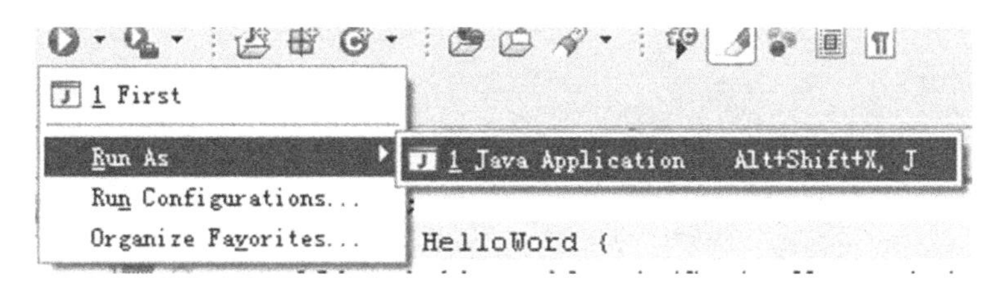

图 1-31　运行 Java 程序

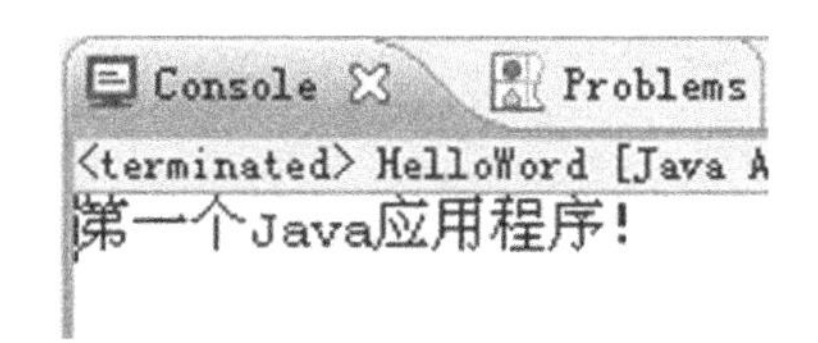

图 1-32　程序运行结果

本章小结

序号	总学习任务	阅读任务	操作任务
1	认识 Java	Java 语言的诞生	
		Java 语言的特点	
2	初识最简单的 Java 应用程序	Hello World 程序及分析	使用简单工具编辑 Java 应用程序
		开发 Hello World 应用程序	
3	配置 Java 开发环境	Java 的设计目标	Java 运行环境的搭建
		认识 Java 开发工具 Eclipse	安装 Java 开发工具 Eclipse
			使用 Eclipse 编写 Java 程序

本章习题

1. 简述 Java 程序的分类以及两种类型之间的区别。
2. 简述开发 Java 程序的步骤。
3. 简述安装 JDK 需要配置哪些系统变量。
4. 简述 Java 语言的特点。
5. 简述用 Eclipse 编写 Java 程序的流程。

第2章

Java语言基础

▶ 本章导读

Java 是一款非常优秀的程序设计语言，也是目前最主要的网络开发语言之一。它不仅具有面向对象、分布式和多线程等先进高级计算机语言的特点，还因为其与平台无关、安全性高等特点，逐渐成为网络时代最重要的程序设计语言。本章主要介绍 Java 语言的编程基础，包括 Java 程序的基本组成、数据类型、运算符、表达式、流程控制语句、数组和方法的定义及使用等结构化编程理论和原则。这些编程技术不仅适用于 Java，而且适用于大多数高级语言，在深入学习“面向对象编程”之后，我们会发现，本章介绍的基本概念对于建立类和操纵对象是很有用的。

2.1 学习标识符与关键字

2.1.1 阅读任务1——标识符

标识符是用来表示程序中的常量、变量、标号、方法、类、接口以及包的命名符号，标识符的命名规则如下：

（1）只能使用字母、数字、下划线和美元符（$）；

（2）只能以字母、下划线或美元符（$）开头，不能使用数字开头；

（3）严格区分大小写，没有长度限制；

（4）不能使用Java关键字。

2.1.2 阅读任务2——关键字

Java语言还定义了一些具有专门的意义和用途的关键字，也称为保留字。Java中的关键字全部用小写字母表示，它们不能当做合法的标识符使用。

这些关键字不需要读者去强记，如果开发中误用了这些关键字，编译器会自动提示错误。另外，true、false、null虽然不是关键字，但是作为一个单独的标识类型，也不能直接使用。

在定义标识符时，尽量遵循“见其名知其意”的原则。Java标识符的具体命名规则见表2-1。

表2-1 Java标识符的命名规则

元素	规范	示例
类名、接口	名首字母大写	Person Student SystemManager
变量名、数组名	Camel规则，小写开头	ageValue salary printInformation
函数名（方法名）	Camel规则，小写开头	setCourse getAge setUserName
包名	全部小写	com. zknu. czw sam. gover
常量名	全部大写	MAX _ VALUE

2.2 学习Java语言的数据类型

2.2.1 阅读任务1——常量

所谓常量，是指在使用过程中，值固定不变的量，例如圆周率。使用常量可以大大提高程序的易读性和可维护性。

常量有字面常量和符号常量两种。

(1) 字面常量的值的意义如同字面所表示的一样。每一种基本数据类型和字符串类型都有字面常量。

(2) 符号常量。由用户自定义常量代表一个常量，其语法格式为

　　[常量修饰符] 数据类型 符号常量名= 常量值;

其中，数据类型可以使用任何数据类型，常量值需与数据类型匹配。

2.2.2 阅读任务2——变量

变量是指在运行过程中，其值可以改变的量。在 Java 中，变量必须先声明后使用，所谓的声明即为变量命名。声明变量的格式为

　　[变量修饰符] 数据类型 变量名 [=初始值];

同样，数据类型可以是任何的数据类型，初始值需与数据类型匹配。

2.2.3 阅读任务3——变量的作用域

变量的作用域是一个程序的区域。变量声明时就决定了变量的作用域。在一个确定的域中，变量名应该是唯一的。

变量的作用域可以是以下 4 种:

(1) 成员变量作用域;

(2) 本地变量作用域;

(3) 方法参数作用域;

(4) 异常处理参数作用域。

作用域可以嵌套。外部作用域的变量对于内部作用域是可见的，但内部作用域的变量对外部是不可见的。虽然内部作用域的变量对外部是不可见的，但建议开发者避免内外作用域使用相同的变量名。

2.2.4 阅读任务4——数据类型

任何数据，无论定义为常量还是变量，该数据都需要具有数据类型，具体的数据类型决定了该数据的取值范围和允许的操作。

Java 语言的数据类型分为原始类型（简单类型）和引用类型（复合类型）。

原始数据类型包括以下几种。

(1) 整数类型：byte、short、int 和 long。

(2) 浮点类型：float 和 double。

(3) 字符类型：char。

(4) 布尔类型：boolean。

引用数据类型包括：类、接口和数组。

1. 整数类型

整数类型分为以下几种：

(1) byte（字节类型）——8 位带符号整数，数值范围是－27～27－1；

(2) short（短整数类型）——16 位带符号整数，数值范围是－215～215－1；

(3) int（整数类型）——32 位带符号整数，数值范围是－231～231－1；

(4) long（长整数类型）——64 位带符号整数，数值范围是－263～263－1。

2. 浮点类型

(1) float。float 即单精度浮点型，所占位数为 32 位。取值范围为 3.4e－038～3.4e＋038。经常用于对小数位精度要求不是很高的数字。

(2) double。double 即双精度浮点型，所占位数为 64 位。取值范围为 1.7e－038～1.7e＋038。经常用于对计算精确度要求很高的情况。

3. 字符类型

char 即字符型，Java 使用 Unicode 码代表字符。这一点决定了 Java 中 char 所占位数不同于 C/C＋＋的 8 位而是 16 位。char 是无符号的，所以取值范围为 0～65 535。

4. 布尔类型

boolean 即布尔类型，只包含两个值：true 和 false。多用于流程控制语句的条件表达式。

5. 基本数据类型的默认值

在 Java 中，若在变量的声明时没有给变量赋初值，则会给该变量赋默认值，表 2-2 列出了各种数据类型的默认值。

表 2-2　基本数据类型的默认值

序号	数据类型	默认值
1	byte	(byte) 0
2	short	(short) 0
3	int	0
4	long	0L
5	float	0.0f
6	double	0.0d
7	char	\ u0000（空）
8	boolean	false

6. 类型转换

1) 隐式转换

Java 是一种强类型语言，在编译时要检查类型的相容性。所谓相容性是指两个不同类型的数据，编译器能够自动进行类型转换，则这两种类型是相容的，这种编译器自动进行的类型转换称为隐式转换。隐式转换需要同时满足两个条件：

①两种类型是彼此兼容的；

②转换的目标类型的范围一定要大于转换的源类型，即不能出现数据内存单元的截短，而只能扩大。如：

```
byte a = 3;
int i = a;      //编译正常，数值范围小的类型可以向数值范围大的类型转换
int b = 3;
byte j = b;      //编译出错，byte 类型的数据范围比 int 的小
double c = 1.5;
string str = " a" + c; //str = "a1.5"
```

2）显式转换

显式转换也称强制转换，当两种类型不兼容或转换目标类型范围小于转换的源类型，即不满足自动类型转换的条件时，需要在代码中明确指示将某一类型的数据转换为另一种类型。转换格式为

目标类型变量一（目标类型）源类型变量或常量

特别提醒：在强制类型转换中目标类型和源类型变量的类型始终没有发生改变。显式转换中可能导致数据的丢失。

2.2.5 操作任务——应用观察示例，理解强制类型转换

```
public class ConvertDemo2_1
 {
  public static void main (String [] args)
   {
    byte b = 10; // 定义 byte类型的变量
    byte result = (byte) (b + 4); // int 强制转换为 byte
    System.out.println ("<--result 为" + result + "-->");
  }
}
```

程序运行结果如下：

```
<--result 为 14-->
```

对于上面这个例子，细心的读者可能会发现例子里面进行了一次强制转换。这次强制转换是否有必要呢？答案是肯定的。因为在 Java 的表达式中会进行类型提升，这种表达式中的类型提升是自动进行的。提升的规则就是将表达式运算结果的类型提升为所有操作数数据类型中范围最大的数据类型。在上面的例子中常数 4 被认为是 int 类型。根据这个规则，也就不难理解为什么上面的例子需要进行强制类型转换了。

 2.3 学习运算符

 2.3.1 阅读任务1——操作元和运算符

运算符是指具有运算功能的符号。参与运算的数据称为操作数，运算符和操作数按照一定规则组成的式子称为表达式。

根据操作数个数不同，可以将运算符分为三种：单目运算符（又称一元运算符）、双目运算符（又称二元运算符）和三目运算符（又称三元运算符）。

根据运算符的性质或用途不同，Java 中的基本运算符分为以下几类。

（1）算术运算符：＋，－，∗，/,%，＋＋，－－。

（2）关系运算符：＞，＜，＞＝，＜＝，＝＝,！＝。

（3）逻辑运算符:!，&&，∥。

（4）位运算符：＞＞，＜＜，＞＞＞，&，|，^，～。

（5）赋值运算符：＝，＋＝，－＝，∗－，/＝,%＝等。

（6）条件运算符:？和：成对使用。

 2.3.2 阅读任务2——赋值运算符

在介绍算术运算符、位运算符、关系运算符和逻辑运算符之前，先简单说明一下赋值运算符。赋值运算符用“＝”表示，作用就是给变量赋值。赋值运算符比较容易理解并且前面的例子也都使用过它，这里就不再赘述了。

2.3.3 阅读任务3——算术运算符

算术运算符，顾名思义用于在数学表达式中进行算术运算。算术运算符可以用于除布尔类型以外的所有原始数据类型。

基本算术运算符包括以下几种：

（1）“＋”代表加法，二元操作符。

（2）“－”对于二元操作数代表减法而对于一元操作符代表取负。

（3）“∗”代表乘法，二元操作符。

（4）“/”代表除法，二元操作符。

（5）“%”代表求模，二元操作符。

如果用 op 代表上述基本运算符，var1 和 var2 分别代表两个操作数。对于如下形式：var1 ＝ var1 op var2；可以简写为：var1 op＝ var2;，所以对于这种情况，上述 5 个基本算术运算都有其简写的算术运算符，它们分别是：“＋＝”“－＝”“∗＝”“/＝”和“%＝”。

而递增递减运算符“＋＋”和“－－”的用法各有两种。如果用 var1 和 var2 表示两

个变量，这两种用法可以表示为var1++、var1--和++var1、--var1。

对于上述语句这两种用法没有区别，都分别表示在var1基础上加1和减1。而对于下面的语句这两种用法是有区别的。以“++”运算符为例，“--”运算符同理。

```
var2 = var1++;
```

等价于

```
var2 = var1;
var1 = var+1;
```

而

```
var2=++var1;
```

等价于

```
var1 = var+1;
var2 = var1;
```

对于byte类型、short类型和char类型的变量，上面的等价关系并不成立。对于这3种类型的变量执行var1=var+1；语句会产生错误，因为常数1默认为int类型，根据前面提到的表达式中的类型提升原则，这样的语句相当于将int类型隐式地转换为范围低于它的类型。而这样做是不可能通过编译的，必须进行类型的强制转换。

2.3.4 阅读任务4——位运算符

Java提供了可以直接对二进制数进行操作的位运算符，其说明见表2-3。

表2-3 位运算符

分类	运算符	名称	示例	运算符说明
按位运算	~	按位取反	~A	这是一个单目运算符，用来对操作数中的位取反，即1变成0，0变成1
	&	按位与	A&B	对操作数中对应的位进行与运算。如果相对应的位都是1，结果位就是1，否则就是0
	|	按位或	A | B	对操作数中对应的位进行或运算。如果两个对应的位
	^	按位异或	A^B	对操作数中对应的位进行异或运算。如果对应的位各
移位运算	<<	左移	A<<a	将一个数的各二进制位全部左移a位，移出的高位被舍弃，低位补0
	>>	带符号右移	A>>a	将一个数的各二进制位全部右移a位，移出低位被舍
	>>>	无符号右移	A>>>a	与带符号右移基本相同，其区别是符号位右移，最高位补0

2.3.5 阅读任务5——关系运算符

关系运算符用于判断操作数之间的关系，运算的结果是布尔类型的，即True或者False。

关系运算符包括以下几种：

(1)“＝＝”代表等于关系，二元操作符；

(2)“！＝”代表不等于关系，二元操作符；

(3)“＞”代表大于关系，二元操作符；

(4)“＜”代表小于关系，二元操作符；

(5)“＞＝”代表不小于关系，二元操作符；

(6)“＜＝”代表不大于关系，二元操作符。

初学者容易混淆赋值运算符“＝”和关系运算符“＝＝”。

“＝＝”和“！＝”可以用于所有数据类型，而其他的关系运算符可以用于除布尔类型之外的所有原始数据类型。

2.3.6 阅读任务6——条件运算符

条件运算符属于三目运算符，即包含3个操作对象，其语法格式如下：

Expressionl? expression2：expression3；

解释说明如下。

表达式expressionl的值必须为布尔型，表达式expression2与表达式expression3的值可以为任意类型，且类型可以不同。

条件表达式的值取决于expressionl的判断结果。如果expressionl的值为true，则执行表达式expression2，否则执行表达式expression3。

编写程序时，对于一些简单的选择结构，使用三目运算符来实现会更简捷。

2.3.7 阅读任务7——运算符优先级

多个运算符参与运算时会从左到右按照运算符的优先级别的高低依次进行运算。各运算符的优先级见表2-4（1代表最高优先级，15代表最低优先级）。

表2-4 各运算符的优先级

优先级	运算符
1	[ ]、( )
2	++、--、!、~
3	*、/、%
4	+、-
5	＞＞、＞＞＞、＜＜
6	＞、＜、＞=、＜=
7	==、!=
8	&
9	^

续表

优先级	运算符
10	|
11	&&
12	||
13	? :
14	=、+=、-=\、*=、/=、%=、^=
15	&=、|=、<<=、>>=、>>>=

虽然运算符有优先级，但还是建议用括号来控制运算顺序。用括号控制运算顺序的代码可读性强。

2.4 学习表达式和语句

2.4.1 阅读任务1——一般表达式

Java的一般表达式就是用运算符及操作元连接起来的符合Java规则的式子，简称表达式。一个Java表达式必须能求值，即按着运算符的计算法则，可以计算出表达式的值。

例如，int x=1，y=-2，n=10；

那么，表达式 x+y+（--n）*（x>y&&x>0?（x+1）：y）的值是int型数据，结果为17。

2.4.2 阅读任务2——语句

Java程序的执行部分是由语句组成的，程序的功能也是由执行语句实现的。

Java里的语句可分为以下5类：

1）方法调用语句

在第3章将介绍类、对象等概念，对象可以调用类中的方法产生行为，如：例2-1中的

```
System.out.println ("<--result为" +result+"-->");
```

2）表达式语句

一个表达式的最后加上一个分号就构成了一个语句，称作表达式语句。分号是语句不可缺少的部分。例如，赋值语句：

```
x=23;
```

3）用 {} 把一些语句括起来构成的复合语句

复合语句在逻辑上可以把整个语句块作为一个整体语句，语句块中的内容要么全部执行，要么都不执行：

```
{
  int x = 100;
  int y = 200;
  int z = x * y;
System.out.println (z);
}
```

4）控制语句

Java 程序通过控制语句来执行程序流，完成一定的任务。Java 中的控制语句有以下几类。

（1）分支语句：if，switch。

（2）循环语句：while，do…while，for。

（3）跳转语句：break，continue，return。

（4）异常处理语句：try. catch———finally，throw。

5）注释语句

注释语句共有 3 种形式：单行注释（//）；多行注释（/ * … * /）；文档注解语句（/ * * … * /）。

2.5 学习流程控制语句

2.5.1 阅读任务 1——流程控制语句

程序通过流程控制语句完成对语句执行顺序的控制，如循环执行、选择执行等。Java 中的流程控制语句与 C＋＋的流程控制语句并无太大差异。流程控制语句可以分为选择、循环和跳转 3 大类。

2.5.2 阅读任务 2——选择语句

选择语句的作用是根据判断条件选择执行不同的程序代码。选择语句包括 if－else 语句和 switch－case 语句。

1. if－else 语句

if－else 语句的形式如下：

```
if（布尔表达式）
```

```
{
        程序代码块 1；
}
else {
        程序代码块 2；
}
```

其中，else 块是可选的。

if—else 语句的执行过程：如果布尔表达式为 true，则运行程序代码块 1；否则执行程序代码块 2。

2. switch—case 语句

当程序设计中出现分支情况很多时，虽然 if 语句的多层嵌套可以实现，但会使程序变得冗长且不直观。为改善这情况，可以用 switch 语句来处理多分支的选择问题，其语法格式为

```
switch（表达式）{      //表达式必须为 byte、char、short、int 或 enum 类型
case 常量表达式 1：   //常量值必须与表达式类型兼容，且不能重复
语句块 1
break；        //break 跳出 case 语句段
case 常量表达式 2：
语句块 2
break：
……
default：
语句块 n
}
```

switch 语句的执行过程如下：

（1）表达式求值；

（2）如果 case 标签后的常量表达式的值等于表达式的值，则执行其后的内嵌语句；

（3）如果没有常量表达式等于表达式的值，则执行 default 标签后的内嵌语句。

default 分支，则直接跳出整个 switch 语句。

2.5.3 操作任务 1——观察示例，理解 if—else 选择语句应用

```
public class IfElseDemo2 _ 2 {
  private static void judge (int result) {
    System. out. println ("<- - 成绩为" + result + "- ->");
if (result >= 60)
{
```

```
            System.out.println ("<- -恭喜，这个成绩合格！- ->");
          }
    else
    {
            System.out.println ("<- -很遗憾，这个成绩不合格！- ->");
          }
      }
      public static void main (String [] args) {
        int firstResult = 80; // 定义 int 类型变量
        int secondResult = 45; // 定义 int 类型变量
        judge (firstResult);
        judge (secondResult);
      }
    }
```

程序运行结果如下：

```
<- -成绩为 80- ->
<- -恭喜，这个成绩合格！- ->
<- -成绩为 45- ->
<- -很遗憾，这个成绩不合格！- ->
```

2.5.4 操作任务 2——观察示例，理解 switch 选择语句应用

```
public class SwitchDemo2_3
{
  public static void main (String [] args)
    {
      int x = 3; // 声明整型变量 x
      int y = 6; // 声明整型变量 y
      char oper = '+'; // 声明字符变量 ch
switch (oper)
{// 将字符作为 switch 的判断条件
        case '+': {// 判断字符内容是不是" +"
        System.out.println (" x+y=" + (x+y));
        break; // 退出 switch
        }
        case '-': {// 判断字符内容是不是" -"
        System.out.println (" x-y=" + (x-y));
```

```
            break; // 退出 switch
            }
            case '*': {// 判断字符内容是不是" *"
            System.out.println (" x*y=" + (x*y));
            break; // 退出 switch
            }
            case '/': {// 判断字符内容是不是" /"
            System.out.println (" x/y=" + (x/y));
            break; // 退出 switch
            }
            default: {// 其他字符
            System.out.println (" 未知的操作!");
            break; // 退出 switch
            }
        }
    }
}
```

程序运行结果如下：

```
x+y=9
```

2.5.5 阅读任务3——循环语句

循环语句的作用是反复执行一段代码，直到不满足循环条件。循环语句包括 for 语句、while 语句和 do－while 语句。

1. for 语句

for 循环是使用最广泛的一种循环，并且灵活多变。其格式如下：

```
for (表达式 1; 表达式 2; 表达式 3) {
  循环体
}
```

说明：表达式 1 是初始化语句；表达式 2 是条件判断式；表达式 3 是更新条件值语句。

for 循环语句的执行过程如下：

(1) 执行表达式 1，设置循环变量的初始值；

(2) 判断表达式 2，若为 true 则转 (3)，否则循环结束，执行 for 循环后面的语句；

(3) 执行循环体；

(4) 执行表达式 3，转 (2)。

2. while 语句

while 循环又称为“当”型循环，首先判断条件，当条件成立，就执行循环体，否则结束循环。其语法格式为

```
初始化
while (条件式) {
  循环体
}
```

while 循环语句的执行过程如下：

(1) 判断条件表达式，若为 true 则转 (2)，否则循环结束，执行 while 循环后的语句；

(2) 执行循环体，转 (1)。

 2.5.6 操作任务 3——观察示例，理解循环语句应用

```
public class ForDemo2 _ 4
{
  public static void main (String [] args)
{
    int sum = 0; // 定义变量保存累加结果
for (int i = 1; i < = 10; i+ +)
{
    sum + = i; // 执行累加操作
    }
    System. out. println ("1 - - >10 累加结果为:" + sum); //输出累加结果
  }
}
```

程序运行结果如下：

```
1 - - >10 累加结果为：55
```

建立文件 WhileDemo2 _ 5. java，完成 while 语句应用实例程序：

```
public class WhileDemo2 _ 5 {
  public static void main (String [] args) {
    int x = 1; // 定义整型变量
    int sum = 0; // 定义整型变量保存累加结果
while (x < = 10)
{// 判断循环结果
```

```
            sum + = x; // 执行累加结果
            x+ +; // 修改循环条件
        }
        System.out.println ("1- ->10 累加结果为:" + sum); //输出累加结果
    }
}
```

程序运行结果如下：

```
1- ->10 累加结果为：55
```

建立文件 DoWhileDemo.java，完成 do－while 语句应用实例程序：

```
public class DoWhileDemo {
  public static void main (String [] args) {
    int x = 1; // 定义整型变量
    int sum = 0; // 定义整型变量保存累加结果
do {// 判断循环结果
        sum + = x; // 执行累加结果
        x+ +; // 修改循环条件
    } while (x <= 10); // 判断循环
    System.out.println ("1- ->10 累加结果为:" + sum); //输出累加结果
  }
}
```

程序运行结果如下：

```
1- ->10 累加结果为：55
```

2.5.7 阅读任务4——跳转语句

Java 中的跳转语句包括 break 语句、continue 语句和 return 语句，下面分别介绍。

1. break 语句

break 语句可以用在循环语句的内部，用来结束循环。

2. continue 语句

continue 语句只能用在循环语句内部，用来跳过本次循环，继续执行下一次循环。

在 while 和 do－while 循环结构中使用 continue 语句表示，将跳转到循环条件处继续执行；而在 for 循环结构中使用 continue 语句，表示将跳转到迭代语句处继续执行。

3. return 语句

return 语句用在方法中，作用是终止当前方法的执行，返回到调用该方法的语句处，并继续执行程序。

return 语句的语法格式如下：

```
return [expression];
```

解释说明如下。

return 语句后面可以带返回值，也可以不带。

表达式 expression 可以是常量、变量、对象等。return 语句后面表达式的数据类型必须与方法声明的数据类型一致。

当程序执行 return 语句时，先计算表达式的值，然后将表达式的值返回到调用该方法的语句处。

位于 return 语句后面的代码不会被执行，所以 return 语句通常位于代码块的最后。

2.5.8 操作任务4——跳转语句应用

```
public class BreakDemo2_6 {
  public static void main (String [] args) {
for (int i = 0; i < 10; i++)
{// 使用 for 循环
      if (i == 3) {// 如果 i 的值为 3，则退出整个循环
        break; // 退出整个循环
      }
      System.out.print (" i=" + i + " "); // 打印信息
    }
  }
}
```

程序运行结果如下：

```
i=0 i=1 i=2
```

从程序的运行结果可以发现，当 i 的值为 3 时，判断语句满足，则执行 break 语句退出整个循环。

建立文件 ContinueDemo2_7.java，完成 continue 语句应用实例程序：

```
public class ContinueDemo2_7 {
  public static void main (String [] args) {
for (int i = 0; i < 10; i++) {// 使用 for 循环
      if (i == 3)
      {
        continue; // 退出一次循环
      }
```

```
            System.out.print (" i =" + i + " "); // 打印信息
        }
      }
    }
```

步骤 3：运行程序，观察结果。程序运行结果如下：

```
i = 0 i = 1 i = 2 i = 4 i = 5 i = 6 i = 7 i = 8 i = 9
```

从程序的运行结果中可以发现，当 i 的值为 3 时，程序并没有向下执行输出语句，而是退回到了循环判断处继续向下执行，所以 continue 只是中断了一次循环操作。

2.6 学习数组

2.6.1 阅读任务 1——引入数组概念

数组是相同类型、固定数量的数据按顺序组成的一种复合数据类型。通过数组名加数组下标来使用数组中的数据；下标从 0 开始，数组中存储的单个数据称为元素，数组中的各个元素在内存中按照先后顺序连续存放在一起。数组中的元素既可以是基本数据，也可以是对象。

因此，可以将数组分为基本数据类型数组和对象型数组。基本数据类型数组是指数组的元素是基本数据类型数据，包括字符型数组、整型数组和实数型数组。对象类型数组又称引用型数组，对象类型数组实际上就是引用的集合，即对象类型数组中的元素就是引用。

2.6.2 阅读任务 2——一维数组

一维数组就是一组具有相同数据类型的有序变量集合。使用数组之前同样要先声明，数组的声明和变量一样，声明时要先声明数组的类型和名称。

一维数组的声明方法如下：

数据类型 数组名 [ ] 或者 数据类型 [ ] 数组名；

如声明一个整型的数组 buffer，语句如下：

```
int [] buffer;
```

数组类型是引用类型（复合类型）。所以声明的数组变量是引用，因为还没有为数组变量分配相应的内存空间，所以为空，这也是为什么声明数组的时候并不要求指明数组大小的原因。

为一维数组分配内存空间的方法如下：

```
数组名 = new 数据类型 [数组大小]；
如    buffer = new int [5]。
      数据类型 数组名 [ ] = new 数据类型 [数组大小]；
      数据类型 [ ] 数组名 = new 数据类型 [数组大小]；
如    int [] buffer = new int [50] //声明数组的同时创建数组
      int [] buffer = new int [] {10，20，30，40，60}；// 因为格式比较烦琐，较少使用
```

使用关键字 new 创建数组时所有元素已经被初始化，元素都是默认值。这种初始化称为“动态初始化”。

还有一种不使用关键字 new，在声明数组的同时就完成创建和初始化工作，称为“静态初始化”。

```
int [] buffer = {2，3，4，1，9} //不使用 new，必须写在一行
```

分配了内存空间的数组就可以通过声明的数组名和下标来访问数组中的元素了。下标从 0 开始到数组大小－1。不同于 C 和 C＋＋，Java 中会进行数组越界检查，也就是说使用数组名和超过数组大小－1 的下标进行访问是被禁止的。

2.6.3 阅读任务 3——Java 的内存管理

本书把 Java 的内存分为 4 个区：代码区、数据区、栈内存和堆内存。

（1）代码区（code segment）：主要存放程序代码，存放对象的方法，并且是多个对象共享一块存储区。

（2）数据区（data segment）：存放的是静态（static）变量和字符串变量。

（3）栈内存（stack）：对象引用，局部变量，基础数据类型，方法的形参，方法的引用参数等。当上述在使用完毕或生命周期完成后就直接回收，不需要垃圾回收机制。

（4）堆内存（heap）：以随意的顺序，在运行时进行存储空间分配和回收的内存管理模型。Java 对象的内存总是在 heap 中分配，需要垃圾回收机制。

2.6.4 操作任务 1——数组的声明、创建、赋值和输出操作及数组长度的取得方法

```
public class Ex2 _ 1 {
public static void main (String [] args) {
    int [] num = new int [100];        //创建数组 num
    for (int i = 0; i<num. length; i + + ) {
    nuffi [i] = i + 1;        //给数组赋值
  }
    int k = 0;
    for (int i = 0; i<num. length; i + + ) {
```

```
      if (k+ + %10=0) {      //设定换行
        System.out.println ();
    }
          System.out.print (num [i] +"     "); //输出数组元素
      }
    }
    }
```

2.6.5 阅读任务4——二维数组

如果把一维数组看成一行的话，二维数组就可以看成是一张表。二维数组的声明方法与一维数组类似，内存的分配也要使用关键字 new 完成。

其声明的格式如下：

```
      数据类型数组名 [] [];
或者  数据类型 [] [] 数组名;
```

二维数组分配内存的方法如下：

```
      数组名 = new 数据类型 [行数组大小] [列数组大小];
```

与一维数组不同的是，二维数组在分配内存时，必须告诉编译器二维数组行与列的个数，举例如下：

```
int [] [] a = new int [4] [3]; // 声明整型数组 a，同时为其开辟一块内存空间思
                                  考：二维数组 a 占用的内存空间为多少字节？
```

二维数组的定义及应用如下：

```
int score1 [] [] = new int [4] [3] ; // 声明并实例化二维数组
for (int i=0; i<score1.length; i+ +) {
  for (int j=0; j<score1 [i] .length; j+ +)    {
    System.out.print (score1 [i] [j] + "\t") ;
  }
  System.out.println ("") ;
}
```

请读者自行编写，并运行其结果。

2.6.6 阅读任务5——观察二维的不规则数组的应用

```
public class Ex2_2 {
public static void main (String [] args) {
```

```
        int array [] [] = new int [31 [4];        //二维数组声明，并分配空间
          int rows = array. length;        //求二维数组的行数
        int columns = array [0] . length;        //求二维数组第一行元素的列数
        System. out. println (rows);
        System. out. println (columns);
        //初始化二维数组
        for (int i = 0; i<rows; i + + ) {
        for (int j = 0; j<columns; j + + )
        array [i] [j] = i * columns + j + 1;
        }
        //输出二维数组元素
        for (int i = 0; i<rows; i + + ) {
        for (int j = 0; j<columns; j + + )
        System. out. print ( array [i] [j]);
        System. out. print (',');
        }
      }
    }
```

程序运行结果如下：

```
3
4
1234, 5678, 9101112
```

二维数组也可以在声明时就被初始化，方法类似于一维数组，参看下面的例子。

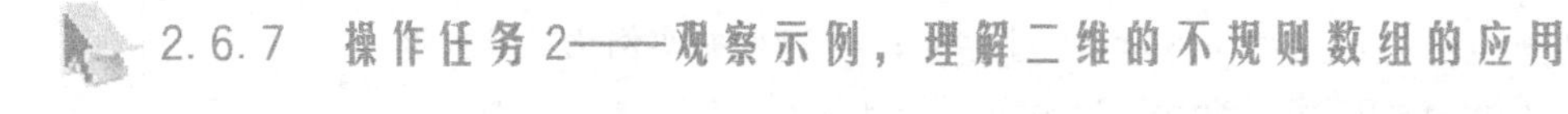

2.6.7 操作任务2——观察示例，理解二维的不规则数组的应用

```
public class Ex2 _ 3 {
public static void main (String [] args) {
    int array [] [] = new int [31 [4];        //二维数组声明，并分配空间
      int rows = array. length;        //求二维数组的行数
    int columns = array [0] . length;        //求二维数组第一行元素的列数
    System. out. println (rows);
    System. out. println (columns);
    //初始化二维数组
    for (int i = 0; i<rows; i + + ) {
    for (int j = 0; j<columns; j + + )
    array [i] [j] = i * columns + j + 1;
```

```
        }
        //输出二维数组元素
        for (int i = 0; i<rows; i + + ) {
        for (int j = 0; j<columns; j + + )
        System.out.print ( array [i] [j]);
        System.out.print (´,´);
        }
      }
    }
```

程序输出结果如下：

```
3
4
1234, 5678, 9101112
```

多维数组很少使用，本书不再赘述。

 2.7 学习方法

 2.7.1 阅读任务1——方法的定义和调用

Java中可以使用多种方式定义方法，如前面常用的main()方法，在声明处加上了public static关键字，static关键字将在后面的章节中详细讲解，方法通常的定义格式如下：

```
[修饰限定符] 返回值类型 方法名称 (类型 参数1, 类型 参数2, …) {
  语句序列;
  [return 表达式;]
}
```

如果方法没有返回值，则在“返回值类型”处要明确写出void，此时，方法中的return语句可以省略。方法执行完后无论是否存在返回值都要返回到方法的调用处向下执行。方法名称要遵循Java标识符的命名规则。参数列表可以为空，也可以有多个。

2.7.2 操作任务1——观察示例，理解方法的定义和调用的应用

编写一个方法，求一组数的最大值、最小值和平均值。

```
public class Ex2 _ 4 {
```

```
public static void main (String args []) {
double a [] = { 1.1, 3.4, -9.8, 10 }; // 定义数组并初始化
//定义存储最大值、最小值和平均值的数组，将数组 a 作为方法的实参
double b [] = max_min_ave (a);
for (int i = 0; i < b.length; i++) // 输出最大值、最小值与平均值
System.out.println ("b [" + i + "] =" + b [i]);
}
//取得数组的最大值、最小值和平均值的方法，返回值为数组类型
static double [] max_min_ave (double a []) {
double res [] = new double [3];     double max = a [0], min = a [0], sum = a [0];
for (int i = 0; i < a.length; i++) {
if (max < a [i])        max = a [i]; // 取得数组中的最大值
if (min > a [i])        min = a [i]; // 取得数组中的最小值
sum += a [i]; // 取得数组中元素的总和
}
res [0] = max; res [1] = min;
res [2] = sum / a.length; // 得到数组元素的平均值
return res; // 返回数组引用
}
}
```

程序运行结果如下：

```
b [0] =10.0
b [1] =9.8
b [2] =1.4499999999999997
```

2.7.3 阅读任务2——方法的重载

方法的重载就是方法名称相同，但参数的类型或参数的个数不同。通过传递参数的个数及类型的不同可以完成不同功能的方法调用。System.out.println () 方法就属于方法的重载，println () 方法可以打印数值、字符、布尔类型等数据。

2.7.4 操作任务2——观察示例，理解方法的重载的应用

```
class MyClass {
int height;
MyClass () {
System.out.println ("无参数构造函数");
```

```
height = 4;
}
MyClass (int i) {
System.out.println ("房子高度为" + i + "米");
height = i;
}
void info () {
System.out.println ("房子高度为" + height + "米");
}
void info (String s) {
System.out.println (s + ": 房子高度为" + height + "米");
}
}
public class MainClass {
public static void main (String [] args) {
MyClass t = new MyClass (3);
t.info (); t.info ("重载方法"); //重载构造函数 new MyClass ();
}
}
```

以上代码运行输出结果如下

```
房子高度为 3 米
房子高度为 3 米
重载方法:房子高度为 3 米
无参数构造函数
```

2.7.5 操作任务3——观察示例，理解方法的引用传递的应用

前面的操作传递和返回的都是基本数据类型，方法可以传递引用数据类型，数组属于引用数据类型，在把数组传递进方法之后，如果方法对数组本身做了任何修改，修改结果也将保存下来。下面的例子演示了传值和传引用的不同。

```
public class MethodDemo2_8 {
  public static void main (String [] args) {
    int x = 3, y = 4;
    change (3, 4); // 传递整型数值
    System.out.println ("x=" + x + "y=" + y);
    int [] a = {3, 4};
    change (a); // 传递数据引用
```

```
        System.out.println ("a [0] = " + a [0] + "a [1] = " + a [1]);
    }
    public static void change (int x, int y) {
        x = x + y;
        y = x - y;
        x = x - y;
    }
    public static void change (int [] a) {
        a [0] =a [0] +a [1];
        a [1] =a [0] -a [1];
        a [0] =a [0] -a [1];
    }
}
```

程序运行结果如下：

```
x=3 y=4
a [0] =4 a [1] =3
```

从运行结果可以看出基本数据类型传递的是数据的拷贝，而引用类型传递是引用的拷贝。请读者自行绘制程序执行的内存操作模型。

本章小结

序号	总学习任务	阅读任务	操作任务
1	标识符与关键字	标识符	
		关键字	
2	Java 语言的数据类型	常量	强制类型转换
		变量	
		变量的作用域	
		数据类型	
3	运算符	操作元和运算符	
		赋值运算符	
		算术运算符	
		位运算符	
		关系运算符	
		条件运算符	
		运算符优先级	

续表

序号	总学习任务	阅读任务	操作任务
4	表达式和语句	一般表达式	
		语句	
5	流程控制语句	流程控制语句	if—else 选择语句应用
		选择语句	switch 选择语句应用
		循环语句	循环语句应用
		跳转语句	跳转语句应用
6	数组	引入数组概念	数组的声明、创建、赋值和输出操作及数组长度的取得方法
		一维数组	二维的不规则数组的应用
		Java 的内存管理	
		二维数组	
		观察二维的不规则数组的应用	
7	方法	方法的定义和调用	方法的定义和调用的应用
		方法的重载	方法的重载的应用
			方法的引用传递的应用

本章习题

1. 绘制柱状图：读入 5 个数，每个数在 1～15 范围内，每个 * 代表一个数字，显示出柱状图，举例如下。

```
5，12，7，10，8
* * * * *
* * * * * * * * * * * *
* * * * * * *
* * * * * * * * * *
* * * * * * * *
```

2. 读入一个月份，假设该月份 1 日是周三，请显示该月星期历，如果是 2 月份则认为是 28 天。

```
0123456
1234
567891011
```

```
12131415161717
19202122232425
2637282930
```

3. 编写一个程序，读入三角形的三条边长并确定输入的是否有效。如果任意两条边的和大于第三条边则输入有效。例如：输入的三条边分别是1、2和1，输出应该是：边长为1，2，1的三条边不能组成三角形。

4. 编写一个程序，假如今年某大学的学费为400元，学费的增长率为5%。使用循环语句编写程序，分别计算10年后的学费以及从现在开始的4年内的总学费。

第3章

Java面向对象编程

▶ 本章导读

本章主要学习Java面向对象编程的基础，通过学习，掌握面向对象编程的三大特征：封装、继承和多态。包括类的定义和对象的创建、包的声明和使用、继承与抽象方法的实现、重载和多态等。

3.1 学习面向对象基础知识

3.1.1 阅读任务1——面向对象的基本概念

1. 对象

在面向对象程序设计中，对象是一组数据和相关方法的集合。程序中可通过变量向其传递或获取数据，而通过调用其中的方法执行某些操作。在Java中，对象必须基于类来创建。

2. 类

类是用来描述一组具有共同状态和行为的对象的原型，是对这组对象的概括、归纳与抽象表达。

在面向对象程序设计中，可以让具有共同特征的对象形成类，它定义了同类对象共有的变量和方法。通过类可以生成具有特定状态和行为的实例，这便是对象。

3.1.2 阅读任务2——面向对象的基本特性

1. 封装性

封装性就是把对象的属性和服务组成对外相对独立而完整的单元。

对外相对独立指对外隐蔽内部细节只提供必要而有限的接口与外界交互。完整是指把对象的全部属性和全部服务结合在一起，形成一个不可分割的独立单位。

2. 继承性

继承是复用的重要手段，在继承层次中高层的类相对于低层的类更抽象，更具有普遍性。例如，交通工具和汽车、火车、飞机的关系。交通工具处于继承层次的上层，它相对于下层的汽车、火车和飞机等具体交通工具更为抽象和一般。汽车、火车和飞机除了体现交通工具的特性以外各自有不同的属性，提供的服务也各不相同。因此它们比交通工具更具体更特殊。在Java中，通常把像交通工具这样的抽象、一般的类称为父类或者超类，把像汽车、火车和飞机这样具体的、特殊的类称为子类。

3. 多态性

多态性指在一般类中定义的属性或行为，被特殊类继承之后，可以具有不同的数据类型或表现出不同的行为。还以交通工具和汽车、火车、飞机为例。交通工具都有驾驶的方法，虽然继承自交通工具的汽车、火车和飞机也同样具有驾驶的方法，但是它们具体驾驶的方法却不尽相同。

3.2 学习类的定义

3.2.1 阅读任务 1——类的定义

从类的概念中可以了解，类是由属性和方法组成的。

属性中定义的是类需要的一个个具体信息，实际上一个属性就是一个变量，而方法是一些操作的行为。

Java 中类的定义形式如下。

```
package 包名        // 声明程序所在包
import 包名.*         // 导入外部包，可包含多条 import 语句，以导入多个外部包
                        中的类
import 包名.类名
// 声明和定义类
[类修饰符] class 类名 [extends 父类名称] [implements 接口名称列表] {
// 声明成员变量或常量
[访问控制修饰符] [static] [final] <数据类型> 变量名或常量名;
……// 定义其他成员变量或常量
// 声明和定义成员方法
[访问控制修饰符] [abstract] [static] [final] [native] [synchronized]
返回类型 方法名 (参数列表)[throws 异常类型列表]
{
……// 方法体
}
……// 定义其他方法
}
……// 定义其他类
```

3.2.2 阅读任务 2——类名及类修饰词

类名的规则遵循第 2 章标识符的命名规则，只是习惯上类名的首字母大写。

类修饰词也称为访问说明符。类修饰词限定了访问和处理类的方式。

在上面类的定义中使用了类修饰词 public，除此之外类修饰词还有 abstract、final 和默认类修饰词。

1）public

带有 public 修饰符的类称为公共类，公共类可以被任何包中的类访问。不过，要在一

个类中使用其他包中的类，必须在程序中增加 import 语句。

2）abstract

带有 abstract 修饰符的类称为抽象类，相当于类的抽象。一个抽象类可以包含抽象方法，而抽象方法是没有方法体的方法，所以抽象类不具备具体功能，只用于衍生出子类。因此，抽象类不能被实例化。

3）final

带有 final 修饰符的类称为最终类。不能通过扩展最终类来创建新类。也就是说，它不能被继承，或者说它不能派生子类。

4）默认

如果没有指定类修饰词，则表示使用默认类修饰词。在这种情况下，其他类可以继承此类，此类在同一个包下的类可以访问引用此类。

3.2.3 阅读任务3——类的成员变量及其修饰词

类的成员变量与前面提到的变量用法没有差别。

类成员变量的修饰词分为两类：访问控制修饰词和非访问控制修饰词。

访问控制修饰词包括：private、protected、public 和默认。

（1）private：被 private 修饰的成员变量只对成员变量所在类可见。

（2）protected：被 protected 修饰的成员变量对成员变量所在类、该类同一个包下的类和该类的子类可见。

（3）public：被 public 修饰的成员变量对所有类都可见。

（4）默认：如果没有指定访问控制修饰词，则表示使用默认修饰词。在这种情况下，成员变量对成员变量所在类和该类同一个包下的类可见。

非访问控制修饰词包括：static、final、transient 和 volatile。

（1）static：被 static 修饰的成员变量仅属于类的变量，而不属于任何一个具体的对象，静态成员变量的值是保存在类的内存区域的公共存储单元，而不是保存在某一个对象的内存区间。任何一个类的对象访问它时，取到的都是相同的数据；任何一个类的对象修改它时，也都是对同一个内存单元进行操作。

（2）final：被 final 修饰的成员变量在程序的整个执行过程中都是不变的。所以可以用它来定义符号常量。

（3）transient：被 transient 修饰的成员变量是暂时性变量。Java 虚拟机在存储对象时不存储暂时性变量。在默认情况下，类中所有变量都是对象永久状态的一部分，当对象被存档时，这些变量同时被保存。

（4）volatile：被 volatile 修饰的成员变量不会被编译器优化，这样可以减少编译的时间。这个修饰词并不常用。

3.2.4 阅读任务4——类的成员方法及其修饰词

使用访问控制修饰符可以限制访问成员变量或常量的权限。访问控制修饰符有 4 个等级：private、protected、public 以及默认（即不指定修饰符）。表 3-1 给出了访问控制修饰符的作用范围。

表 3-1 成员变量访问控制修饰符

序号	类型	private	protected	public	默认
1	所属类	可访问	可访问	可访问	可访问
2	同一个包中的其他类	不可访问	可访问	可访问	可访问
3	同一个包中的子类	不可访问	可访问	可访问	可访问
4	不同包中的子类	不可访问	可访问	可访问	不可访问
5	不同包中的非子类	不可访问	不可访问	可访问	不可访问

非访问控制修饰词包括：static、final、abstract、native 和 synchronized。

（1）static：被 static 修饰的成员方法称为静态方法。静态方法是属于整个类的类方法，而不使用 static 修饰、限定的方法是属于某个具体类对象的方法。由于 static 方法是属于整个类的，所以它不能操纵和处理属于某个对象的成员变量，而只能处理属于整个类的成员变量。

（2）final：被 final 修饰的成员方法不会被子类继承。

（3）abstract：被 abstract 修饰的成员方法称为抽象方法。抽象方法是一种仅有方法头，没有方法体和操作实现的方法。

（4）native：被 native 修饰的成员方法被称为本地方法。本地方法的方法体可以用像 C 语言这样的高级语言编写。

（5）synchronized：被 synchronized 修饰的成员方法用于多线程之间的同步。这个修饰词在后面线程的章节中会有更详细的说明。

3.2.5 阅读任务 5——内部类

在类的内部可以定义属性和方法，也可以定义另一个类，称为内部类，包含内部类的类称为外部类。内部类可声明 public 或 private，访问权限和成员变量、成员方法相同。使用内部类的主要原因是：内部类的方法可以访问外部类的成员，且不必实例化外部类，反之则不行。

3.2.6 操作任务——观察示例，理解内部类的使用

```
public class OuterAndInnerClass
{
public static void main (String [] args)
{
  //创建内部类对象的方法一
  //Outer. Inner inner = new Outer () . new Inner ();
```

```
    //创建内部类对象的方法二
    Outer outer = new Outer ();
    Outer. Inner inner = outer. getInner ();
    inner. output ();
    //验证方法里面的内部类
    outer. test ();
  }
  }
class Outer
{
int [] items = {1, 2, 3, 4};
class Inner
{
  //内部类可以访问外部类的成员变量以及方法
  public void output () {
  for (int i = 0; i<items. length; i + + ) {
    System. out. println (items [i] + "");
  }
  }
};
public Inner getInner () {
  return new Inner (); //匿名内部类，如果需要，匿名内部类里面可以写各种属性
                         以及方法体
}
//在方法里面创建一个内部类（其实可以在需要的地方创建内部类）
public void test () {
  class MethodInnerClass
   {
  public void innerMethod () {
    System. out. println ("这是方法里面的内部类");
  }
  };
  MethodInnerClass methodInnerClass = new MethodInnerClass ();
  methodInnerClass. innerMethod ();
}
};
```

3.3 学习对象的创建

3.3.1 阅读任务1——对象的创建

Java中通过使用new关键字产生一个类的对象。这个过程也称为实例化，要想使用一个类，必须创建对象。

对象的创建格式如下：

```
类名 对象名称 = null;    // 声明对象
对象名称 = new 类名 ();    // 实例化对象
```

也可以一步完成，格式如下：

```
类名 对象名称（引用变量） = new 类名 ();
```

同时从上面的示例可以看到，访问对象中的属性和方法的格式如下。

访问属性：对象名称 . 属性名；

访问方法：对象名称 . 方法名 ()；

3.3.2 操作任务1——为Employee创建对象

```
public classEx3 _ 1 {
    public static void main (String [] args) {
    Employee employeel = new Employee ();
    employeel. position = "人事部";
    employeel. name = "张永";
    Employee employee2 = new Employee ();
    employee2. position = "财务部";
    employee2. name = "安琪";
    System. out. println ("职务:" + employeel. position + " \ r \ n 请假原因:"
+ employ-
  eel. leave ("因为临时有事，所以请假!") + "\ r \ n 姓名:" + employeel. name);
    System. out. println (" /- - - - - - - - - - - - - - - - - - - - - - - - - - -/"
+ "\ r \ n 职务:" +
  employee2. position + " \ r \ n 姓名:" + employee2. name);
    )
    )
```

运行结果如下：

```
run：
职务：人事部
请假原因：因为临时有事，所以请假！
姓名：张永
/- - - - - - - - - - - - - - - - - - - - - - - - - - - /
职务：财务部
姓名：安琪
成功构建（总时间：0 秒）
```

3.3.3 阅读任务 2——封装性

类的封装是指属性的封装和方法的封装，封装的格式如下。

属性封装：private 属性类型 属性名称；

方法封装：private 方法返回值 方法名称（参数列表）{}；

方法封装在实际开发中很少使用。

3.3.4 操作任务 2——为程序加上封装属性

```
public class ClassDemo3 _ 3 {
  public static void main (String [] args) {
    Student student = new Student (); // 创建一个 student 对象
    student. name = "张三"; // 设置 student 对象的属性内容
    student. age = 20; // 设置 student 对象的属性内容
    System. out. println (student. getStuInfo ());
  }
}
class Student {
  String name; // 学生姓名——类的属性
  int age; // 学生年龄——类的属性
  public int getAge () {// 取得年龄
    return age;
  }
  public void setAge (int age) { // 设置年龄
    this. age = age;
  }
  public String getName () { // 取得姓名
    return name;
  }
```

```
        public void setName (String name) { // 设置姓名
          this.name = name;
        }
        public String getStuInfo () { // 取得信息的方法
          return "学生姓名:" + name + "\t学生年龄:" + age;
        }
      }
```

步骤 4：运行程序，观察结果。程序运行结果如图 3-1 所示。

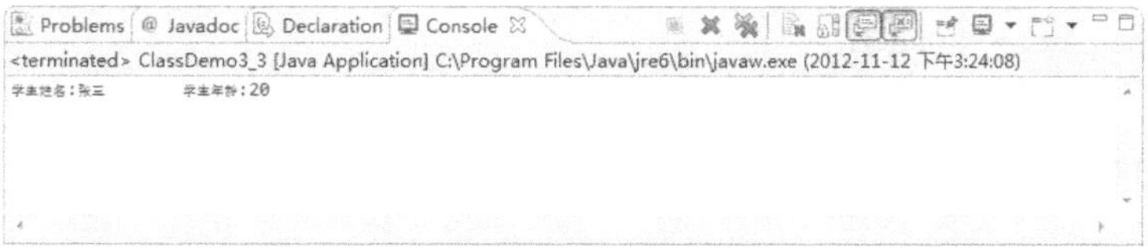

图 3-1 文件 ClassDemo3_3.java 运行结果

实际开发过程中，类中的全部属性都必须封装，通过 setter 和 getter 方法进行访问。并且在 Eclipse 中利用 Source→Generate Setters and Getters 命令可自动生成 setter 和 getter 方法。

3.3.5 阅读任务 3——构造方法

在创建对象的时候，对象成员可以由构造函数方法进行初始化。

new 对象时，都是用构造方法进行实例化的。例如，Test test = new Test ("a"); // Test ("a")。其中 Test ("a") 就是构造函数,"a" 为构造方法的形参。

构造方法的方法名必须与类名一样。

构造方法没有返回类型，也不能定义为 void，在方法名前面不声明方法类型。

构造方法不能作用是完成对象的初始化工作，他能够把定义对象时的参数传递给对象的域。

构造方法不能由编程人员调用，而要系统调用。

构造方法可以重载，以参数的个数，类型，或排序顺序区分。

3.3.6 操作任务 3——观察一个完整的类实例化示例，加深理解类实例化过程

```
class Employee {
  private String name; // 声明姓名属性
  private int salary; // 声明薪水属性
  Employee () {// 无参构造方法
    System.out.println ("一个新的 Employee 对象产生=========");
  }
  Employee (String name, int salary) {// 有参构造方法
    this.setName (name);
```

```
    this. setSalary (salary);
  }
  Employee (int salary) { // 有参构造方法
    this. setSalary (salary);
  }
  public String getName () { // 获得姓名
    return name;
  }
  public void setName (String name) {// 设置姓名
    this. name = name;
  }
  public int getSalary () { // 获得薪水
    return salary;
  }
  public void setSalary (int salary) { // 设置薪水
if (salary >= 0) {
      this. salary = salary;
    }
  }
}
public class ClassDemo3 _ 4 {
  public static void main (String [] args) {
    System. out. println ("声明一个对象 Employee = null");
    Employee e = null; // 声明一个对象并不会调用构造方法
    // System. out. println ("实例化对象: e = new Employee () ;");
    // e = new Employee ();
    e = new Employee ("sam", 3000);
    System. out. println ("员工姓名:" + e. getName () + "\t 员工工资:" + e. getSalary ());
    // new Employee ("eva", 6000) . getSalary (); // 匿名对象
  }
}
```

程序运行结果如图 3-2 所示。

图 3-2　文件 ClassDemo3 _ 4. java 运行结果

3.3.7 阅读任务4——匿名对象

匿名对象就是没有名字的对象。当对象对方法仅进行一次调用的时候，就可以简化成匿名对象。匿名对象可以作为实际参数进行传递。

3.3.8 阅读任务5——this关键字

this关键字表示某个对象，this关键字可以出现在实例方法和构造方法中，但不可以出现在类方法中。当局部变量和成员变量的名字相同时，成员变量就会被隐藏，这时如果想在成员方法中使用成员变量，则必须使用关键字this。

语法格式如下：

```
this. 成员变量名
this. 成员方法名 ()
```

事实上，this引用的就是本类的一个对象，在局部变量或方法参数覆盖了成员变量时，如上面代码的情况，就要添加this关键字明确引用的是类成员还是局部变量或方法参数。

如果省略this关键字直接写成“name=name“，那只是把参数name赋值给参数变量本身而已，成员变量name的值没有改变，因为参数name在方法的作用域中覆盖了成员变量name。

其实，this除了可以调用成员变量或成员方法之外，还可以作为方法的返回值。

例如，在项目中创建一个类文件，在该类中定义Book类型的方法，并通过this关键字返回。

```
public Book getBook () {
return this; //返回 Book 类引用
}
```

在getBook0方法中，方法的返回值为Book类，所以方法体中使用“return this”这种形式将Book类的对象进行返回。

3.3.9 操作任务4——观察示例，理解this的应用

在Fruit类中定义一个成员变量color，并且在该类的成员方法中又定义了一个局部变量color，在成员方法中使用成员变量color。

```
public class Fruit {
public String color = "绿色"; //定义颜色成员变量
//定义收获的方法
public void harvest () {
String color = "红色"; //定义颜色局部变量
```

```
System.out.println ("水果是:" +color+"的!"); //此处输出的是局部变量color
System.out.println ("水果已经收获……");
System.out.println ("水果原来是:" +this.color+"的!"); //此处输出的是成员
                                                                变量color
}
public static void main (String [] args) {
Fruit obj=new Fruit ();
obj.harvest ();
}
}
```

程序运行结果如下：

```
水果是：红色的!
水果已经收获……
水果原来是：绿色的!
```

3.3.10 阅读任务6——static关键字

关键字static声明的属性和方法称为类属性和类方法，被所有对象共享，直接使用类名称进行调用。

3.3.11 操作任务5——观察示例，理解static的应用

```
public class ClassDemo3_6 {
  public static void main (String [] args) {
    Student s1 = new Student ("小李", 23); // 声明Student对象
    Student s2 = new Student ("小王", 30); // 声明Student对象
    s1.getStuInfo (); // 输出学生信息
    s2.getStuInfo (); // 输出学生信息
    Student.grade = "09级网络工程"; // 类名称调用修改共享变量的值
    // s1.grade = "09级网络工程"; // 对象也可以对共享变量赋值
    s1.getStuInfo (); // 输出学生信息
    s2.getStuInfo (); // 输出学生信息
  }
}
class Student {
  static String grade = "09级软件工程";
  private String name; // 声明姓名属性
  private int age; // 声明年龄属性
```

```
    public Student (String name, int age) {
      this. name = name; // 表示本类中的属性
      this. age = age;
    }
    public int getAge () {// 取得年龄
      return age;
    }
    public String getName () {// 取得姓名
      return name;
    }
    public void getStuInfo () {// 取得学生信息
      // this 调用本类中的方法，如：getter 方法
  System. out. println ("姓名：" + this. getName () + "\ t 年龄："
  + this. getAge () + "\ t 班级：" + this. grade);
    }
  }
```

程序运行结果如图 3-3 所示。

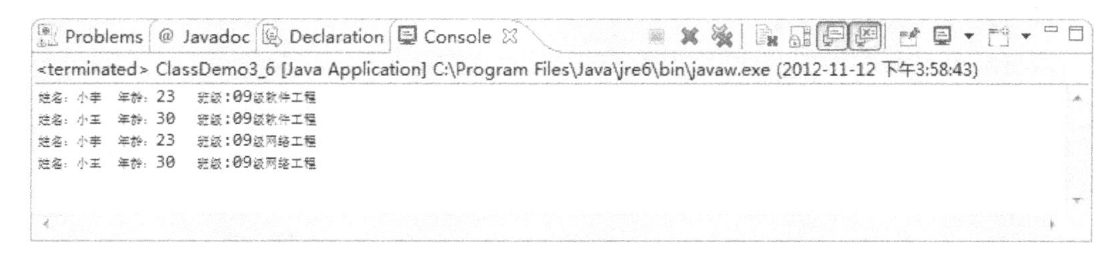

图 3-3 文件 ClassDemo3 _ 6. java 运行结果

下面通过上例来分析一下程序执行过程的内存分配，如图 3-4 所示。

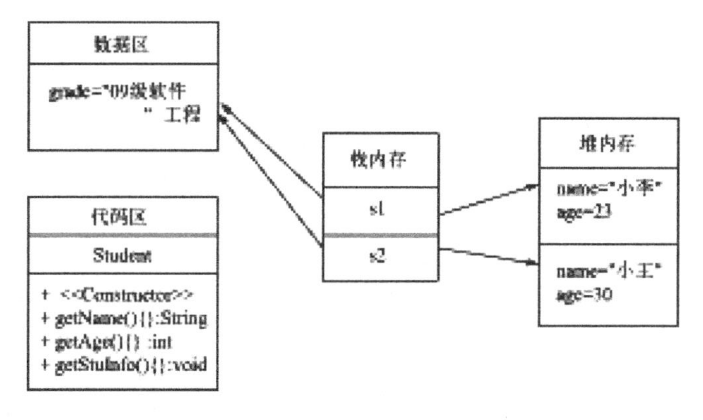

图 3-4 static 属性保存的内存分配图

关键字 static 声明的方法称为类方法，由类直接调用，本身前面已经多次使用了

static 声明的方法。所有的方法都放在代码区，也是多个对象共享的内存区，但是非 static 声明的方法是属于所有对象共享的区域，而 static 是属于类，也就是不用实例化对象也可以通过类调用执行。但是 static 声明的方法是不能调用非 static 声明的属性和方法的，反之则可以。

3.3.12 操作任务6——观察示例，理解 static 的应用

下面的例子定义了一个同心圆类。其中，圆心坐标由于固定不变，因而被定义成了公共静态变量，而半径可变，因而被定义成了公共变量。

```
package Chapter3
class ConcentCircle {
public static int x = 100, y = 100; //定义圆心坐标变量
public int r; //定义半径变量
public static void main (String args []) {
ConcentCircle t1 = new ConcentCircle (); //创建对象
ConcentCircle t2 = new ConcentCircle ();
t1. x + = 100; //设置圆心的横坐标
t1. r = 50; //初始化半径变量
t2. x + = 200;
t2. r = 150;
System. out. println ("Circle1: x = " + t1. x + ", y = " + t1. y + ", r = " + t1. r);
System. out. println ("Circle2: x = " + t2. x + ", y = " + t2. y + ", r = " + t2. r);
                    }
}
```

程序运行结果如下：

```
Circle1: x = 400, y = 100, r = 50
Circle1: x = 400, y = 100, r = 150
```

3.4 学习继承

3.4.1 阅读任务1——继承的概念及语法规则

在面向对象程序设计中，继承是不可或缺的一部分。通过继承可以实现代码的重用，提高程序的可维护性。

继承一般是指晚辈从父辈那里继承财产，也可以说是子女拥有父母所给予他们的东

西。在面向对象程序设计中，继承的含义与此类似，所不同的是，这里继承的实体是类。也就是说继承是子类拥有父类的成员。

在类的声明中，可以通过使用关键字 extends 来显式地指明其父类。继承的语法格式如下：

[修饰符] class 子类名 extends 父类名

class 子类名：必选，用于指定子类的名称，类名必须是合法的 Java 标识符。一般情况下，要求首字母大写。

extends 父类名：必选，用于指定要定义的子类继承于哪个父类。

3.4.2 操作任务 1——观察示例，理解继承的语法规则

```
public class ExtendsDemo3_8 {
  public static void main (String [] args) {
    Person p = new Person (); // 实例化父类对象
    p.name = "sam"; // 父类对象的属性赋值
    p.age = 22; // 父类对象的属性赋值
    p.height = 1.76; // 父类对象的属性赋值
    Student s = new Student (); // 实例化子类对象
    s.score = 83.0; // 子类对象的属性赋值
    System.out.println ("子类的信息:" + s.name + "\t"
     + s.age + "\t" + s.height + "\t" + s.score);
    s.sayHello (); // 调用子类方法
  }
}
class Person {
String name ; // 声明类 Person 的姓名属性
  int age ; // 声明类 Person 的年龄属性
  double height ; // 声明类 Person 的身高属性
  public Person () {
    System.out.println ("父类的构造方法");
  }
  public void sayHello () {
    System.out.println ("父类的方法 sayHello () 方法");
  }
}
class Student extends Person {
  double score ; // 声明子类 Student 的学分属性
  public Student () {
```

```
        System.out.println ("子类的构造方法");
    }
    public void sayHello () {
        System.out.println ("子类的 sayHello () 方法");
    }
}
```

步骤 2：运行程序，观察结果。程序运行结果如图 3-5 所示。

```
Problems  @ Javadoc  Declaration  Console
<terminated> ExtendsDemo3_8 [Java Application] C:\Program Files\Java\jre6\bin\javaw.exe (2012-11-12 下午4:37:17)
父类的构造方法
父类的构造方法
子类的构造方法
子类的信息: null    0    0.0    83.0
子类的sayHello()方法
```

图 3-5　文件 ClassDemo3 _ 8. java 运行结果

3.4.3　阅读任务 2——继承的使用原则

子类可以继承父类中所有可被子类访问的成员变量和成员方法，但必须遵循以下原则。

（1）子类能够继承父类中被声明为 public 和 protected 的成员变量和成员方法，但不能继承被声明为 private 的成员变量和成员方法。

（2）子类能够继承在同一个包中的由默认修饰符修饰的成员变量和成员方法。

（3）如果子类声明了一个与父类的成员变量同名的成员变量，则子类不能继承父类的成员变量，此时称子类的成员变量隐藏了父类的成员变量。

（4）如果子类声明了一个与父类的成员方法同名的成员方法，则子类不能继承父类的成员方法，此时称子类的成员方法覆盖了父类的成员方法。

3.4.5　阅读任务 3——重载和覆盖

重载是指定义多个方法名相同但参数不同的方法。本书第 2 章在方法的阐述中已经详细讲解了重载的规则和使用方法，在此不再赘述。覆盖也称覆写，是继承关系中方法的覆盖。上例的 sayHello () 方法就实现了方法的覆盖。方法覆盖要满足以下几个规则。

（1）发生在父类和子类的同名方法之间。

（2）两个方法的返回值类型必须相同。

（3）两个方法的参数类型、参数个数、参数顺序必须相同。

（4）子类方法的权限必须不小于父类方法的权限 private＜defult＜public。

（5）子类方法只能抛出父类方法声明抛出的异常或异常子类。

（6）子类方法不能覆盖父类中声明为 final 或者 static 的方法。

(7) 子类方法必须覆盖父类中声明为abstract的方法（接口或抽象类）。

3.4.6 操作任务2——观察示例，通过覆盖可以使一个方法在不同的子类中表现出不同的行为

```
class  Employee {
      private String name;       //姓名
    private String No;       //工号
    int l = 8;       //工作时长
    public  Employee (String myName, String Num) {
    name = myName;
    No =  Num;
  }
    pulolic void work () {
    System. out. println ("我的名字是"  + name + ", 工号是"  + No + ", 我在认真
  工作。");
    }
    class Programmer extends Employee {
    int i = 12;       //隐藏了父类的i属性
    public Programmer (String myName, String Num) {
    super (myName, Num);
    }
    public void work ()       //覆盖了父类的方法
     {
    System. out. println ("员工的工作时长是"  + super. i + "小时。");
    System. out. println ("程序员的工作时长是"  + this. i + "小时。");
    }
    }
    public classEx3 _ 13
     {
    public static void main (String [] args)
     {
    Programmer manA =  new Programmer ();
    manA. work ();
    }
```

程序运行结果如下：

```
《已终止》继承 [Java应用程序] D: \
员工的工作时长是8小时。
```

程序员的工作时长是 12 小时。

3.4.7 阅读任务 4——super 关键字

super 代表当前超类的对象。super 表示从子类调用父类中的指定操作，如：调用父类的属性、方法和无参构造方法，有参构造方法。如果调用有参构造方法，则必须在子类中明确声明。和 this 关键字一样，super 必须在子类构造方法的第一行。

3.4.8 操作任务 3——观察示例，理解 super 的应用

```
public class ExtDemo3_10 {
  public static void main (String [] args) {
Santana s = new Santana ("red");
s.print ();
  }
}
class Car {
  String color;
  Car (String color) {
    this.color = color;
  }
}
class Santana extends Car {
  private String color;
  public Santana (String color) {
    super (color);
  }
  public void print () {
    System.out.println (color);
    System.out.println (super.color);
  }
}
```

程序运行结果如图 3-6 所示。

```
Problems @ Javadoc Declaration Console
<terminated> ExtDemo3_10 [Java Application] C:\Program Files\Java\jre6\bin\javaw.exe (2012-11-12 下午5:00:21)
null
red
```

图 3-6 文件 ExtDemo3_10.java 运行结果

3.5 学习 final 关键字

3.5.1 阅读任务 1——final 变量

final 关键字用来修饰类、变量和方法，用于表示它修饰的类、方法和变量不可改变。

当 final 修饰变量的时候，表示该变量一旦获得初始值之后就不可以被改变。Final 既可以修饰成员变量，也可以修饰局部变量、形参。

(1) final 修饰成员变量。成员变量是随着类初始化或对象初始化而初始化的。当类初始化时，系统会为该类的类属性分配内存，并分配默认值；当创建对象时，系统会为该对象的实例属性分配内存，并分配默认值。

(2) final 修饰局部变量。使用 final 修饰符修饰的局部变量，如果在定义的时候没有指定初始值，则可以在后面的代码中对该 final 局部变量赋值，但是只能赋一次值，不能重复赋值。如果 final 修饰的局部变量在定义时已经指定默认值，则后面代码中不能再对该变量赋值。

(3) final 修饰基本类型和引用类型变量的区别。当使用 final 修饰基本类型变量时，不能对基本类型变量重新赋值，因此，基本类型变量不能被修改。但是对于引用类型的变量，它保存的仅仅是一个引用，final 只保证这个引用所引用的地址不会改变，即一直引用同一对象，这个对象是可以发生改变的。

3.5.2 阅读任务 2——final 方法

使用 final 修饰符修饰的方法是不可以被重写的。如果想要不允许子类重写父类的某个方法，可以使用 final 修饰符修饰该方法。如：

```
public class Father {
  public final void say () {}
}
public class Son extends Father {
  public final void say () {} //编译错误，不允许重写 final 方法
}
```

3.5.3 阅读任务 3——final 类

使用关键字 final 修饰的类被称为 final 类，该类不能被继承，即不能有子类。有时为了程序的安全性，可以将一些重要的类声明为 final 类。例如，Java 语言提供的 System 类和 String 类都是 final 类。

语法格式为

```
Final class 类名 {
类体
}
```

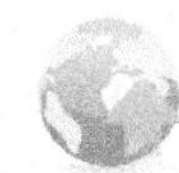

3.6 学习抽象类

3.6.1 阅读任务——抽象类

被 abstract 修饰词修饰的类，被称为抽象类。抽象类是包含抽象方法的类。

抽象方法是只声明未实现的方法。抽象类必须被继承，子类如果不是抽象类，必须覆写抽象类中的全部抽象方法。

3.6.2 操作任务——观察示例，理解抽象类的应用

```
abstract class A {
  public final static String FLAG = "china";
  public String name = "sam";
  public String getName () {
    return name;
  }
  public void setName (String name) {
    this. name = name;
  }
  public abstract void print (); // 比普通类多了一个抽象方法
}
class B extends A { // 继承抽象类，因为 B 是普通类，所以必须覆写全部抽象方法
  public void print () {
    System. out. println ("国籍:" + super. FLAG);
    System. out. println ("姓名:" + super. name);
  }
}
public class AbstractDemo3 _ 11 {
  public static void main (String [] args) {
    //A a = new A (); // 不能被直接实例化，因为有未实现的方法
```

```
        B b = new B ();
        b.print ();
    }
}
```

程序运行结果如图 3-7 所示。

```
Problems  @ Javadoc  Declaration  Console
<terminated> AbstractDemo3_11 [Java Application] C:\Program Files\Java\jre6\bin\javaw.exe (2012-11-12 下午5:21:10)
国籍：china
姓名：sam
```

图 3-7 文件 AbstractDemo3 _ 11. java 运行结果

抽象类是不完整的类，不能通过构造方法被实例化。但这不代表抽象类不需要构造方法，它的构造方法可以通过前面介绍的 super 关键字在其子类中调用。另外，从语法的角度抽象类可以没有抽象方法，但如果类定义中声明了抽象方法，那么这个类必须声明为抽象类。

不可实例化的类不需要构造方法的说法是错误的。

3.7 学习接口

3.7.1 阅读任务 1——接口

接口是方法定义和常量值的集合，接口中定义的方法都是抽象方法，实现接口的类要实现接口中定义的所有方法。接口的用处主要体现在以下几个方面。

(1) 通过接口实现不相关类的相同方法，而不需要考虑这些类之间的层次关系。

(2) 通过接口可以指明多个类需要实现的方法。

(3) 通过接口可以了解对象的交互界面，而不需要了解对象所对应的类。

总之，接口的引入实现了某种意义上的多继承，并且一个类可以实现多个接口。

3.7.2 阅读任务 2——接口定义

Java 语言使用关键字 interface 来定义一个接口。接口定义与类的定义类似，也是分为接口的声明的接口体，其中接口体由常量定义和方法定义两部分组成。

语法格式如下。

修饰符：可选，用于指定接口的访问权限，可选值为 public。如果省略则使用默认的访问权限。

接口名：必选，用于指定接口的名称，接口名必须是合法的 Java 标识符。一般情况下，要求首字母大写。

extends 父接口名列表：可选，用于指定要定义的接口继承于哪个父接口。当使用 extends 关键字时，父接口名为必选参数。

方法：接口中的方法只有定义而没有被实现。

3.7.3 阅读任务3——接口实现

为了使用接口，要编写实现接口的类。如果一个类实现一个接口，那么这个类就应该提供接口中定义的所有抽象方法的具体实现。

为了声明一个类来实现一个接口，在类的声明中要包括一条 implements 语句。此外，由于 Java 支持接口的多继承，因此可以在 implements 后面列出要实现的多个接口，这些接口名称之间应以逗号分隔。

由于实现接口的类继承了接口中定义的常量，因此，用户可以直接使用常量名来引用常量。例如，Stock 类就直接引用了定义在 StockWatcher 接口中的常量 oracleTicker 和 ciscoTicker。此外，也可以使用下面的方式来引用接口中的常量：

```
SocketWatcher.oracleTicker
```

另外，由于 Stock 类实现了 StockWatcher 接口，因此它应该提供 valueChanged () 方法的实现。当一个类实现一个接口中的抽象方法时，这个方法的名字和参数类型、数量和顺序必须与接口中的方法相匹配。

3.7.4 操作任务1——观察示例，演示计算机主板在工作时接口的实现

```
interface VideoCard {// 显卡接口
void display (); // 显卡工作的抽象方法
  String getName (); // 获取显卡厂商名字的抽象方法
}
class Dmeng implements VideoCard { // 具体厂商的显卡
  private String name;
  Dmeng () {
    name = "Dmeng's videoCard";
  }
  public void setName (String name) {
    this.name = name;
  }
  public String getName () {
    return this.name;
  }
  public void display () {
```

```
        System.out.println ("Dmeng's videoCard working!!!");
    }
}
class Mainboard {
    private String CPU;
    VideoCard vc;
    public String getCPU () {
        return CPU;
    }
    public void setCPU (String cpu) {
        CPU = cpu;
    }
    public VideoCard getVc () {
        return vc;
    }
    public void setVc (VideoCard vc) {
        this.vc = vc;
    }
    public void run () {
        System.out.println (CPU);
        System.out.println (vc.getName ());
        vc.display ();
        System.out.println ("Mainboard's running!!!");
    }
}
public class ComputerDemo3_12 {
    public static void main (String [] args) {
        Dmeng dm = new Dmeng ();
        Mainboard mb = new Mainboard ();
        mb.setCPU ("Intel's CPU");
        mb.setVc (dm);
        mb.run ();
    }
}
```

程序运行结果如图 3-8 所示。

```
Problems  @ Javadoc  Declaration  Console
<terminated> ComputerDemo3_12 [Java Application] C:\Program Files\Java\jre6\bin\javaw.exe (2012-11-12 下午5:26:18)
Intel's CPU
Dmeng's videoCard
Dmeng's videoCard working!!!
Mainboard's running!!!
```

图 3-8 文件 ComputerDemo3 _ 12. java 运行结果

3.7.5 阅读任务 4——匿名内部类

匿名内部类就是没有名字的内部类。匿名内部类用得较多，在编写事件监听的代码时使用匿名内部类不但方便，而且使代码更加容易维护。匿名内部类必须在创建时，作为 new 语句的一部分来声明。

3.7.6 操作任务 2——创建一个匿名的内部类 ButtonAction

```
public class ClassDemo3 _ 13 {
  public static void main (String [] args) {
    new ButtonAction ( ) { public void click ()
         {
        System. out. println ("这是匿名类，但谁也无法使用它!");
        }
    }
  }
}
```

匿名类通常用来创建接口的唯一实现类，或者创建某个类的唯一子类。

3.8 学习包及访问控制权限

3.8.1 阅读任务 1——包概念

包 (package) 是 Java 提供的一种区别类的命名空间的机制，是类的组织方式，是一组相关类和接口（将在第 6 章为大家详细介绍接口）的集合，它提供了访问权限和命名的管理机制。Java 中提供的包主要有以下 3 种用途。

(1) 将功能相近的类放在同一个包中，可以方便查找与使用。

(2) 由于在不同包中可以存在同名类，所以使用包在一定程度上可以避免命名冲突。

（3）在 Java 中，某些访问权限是以包为单位的。

3.8.2 阅读任务2——包的操作

代码文件中的包声明指定了该代码所属的包的名称，包声明语句必须在代码文件中的所有类声明的前面。除了注释语句之外，包声明语句是 Java 代码文件的第一条语句，也就是说它只能写在代码的第一行。包使用关键字 package 进行声明：

```
package 包名；
```

包名必须符合 Java 标识符的命名规则，按照 Java 的习惯，包名一般使用小写字母。在使用 java 开发项目的时候，很有可能隶属于不同项目的两个程序员为两个不同的包取了相同的名字，为了避免混淆，我们可以使用表示从属关系的层次结构来命名包。

3.8.3 阅读任务3——访问权限修饰符

1）private

类中限定为 private 的成员变量和成员方法只能被这个类本身的方法访问，它不能在类外通过名字来访问。private 的访问权限有助于对客户隐藏类的实现细节，减少错误，提高程序的可修改性。

2）default

实际上并没有一个称为（default）的访问权限修饰符，如果在成员变量和成员方法前不加任何访问权限修饰符，就称为（default），也称为包访问控制。这样同一包内的其他所有类都能访问该成员，但对包外的所有类就不能访问。（default）允许将相关的类都组合到一个包里，使它们相互间方便进行沟通。

3）protected

类中限定为 protected 的成员可以被这个类本身、它的子类（包括同一包中的和不同包中的子类）以及同一包中所有其他的类访问。如果一个类有子类，而不管子类是否与自己在同一包中，都想让子类能够访问自己的某些成员，就可以将这些成员用 protected 修饰符加以声明。

4）public

类中声明为 public 的成员可以被所有的类访问。public 的主要用途是让类的客户了解类提供的服务，即类的公共接口，而不必关心类是如何完成其任务的。将类的实例变量声明为 private，并将类中对应该变量的访问器的方法声明为 public，就可以方便程序的调试，因为这样可以使数据操作方面的问题局限在类的方法中。

访问权限开放程度的顺序可表示如下：

```
public＞protected＞（default）＞private
```

可以看出，public 的开放性最大，其次是 protected、（default），private 的开放性最小。

3.9 学习对象的多态性

3.9.1 阅读任务——对象的多态性

多态性在面向对象中是一个最重要的概念，在Java中主要有以下两种形式。

(1) 方法的重载和覆盖。

(2) 对象的多态性。

方法的重载和覆盖，参看第3章任务4阅读任务3，下面重点介绍对象的多态性。对象的多态性主要分为以下两种类型。

(1) 向上转型：子类对象→父类对象。

(2) 向下转型：父类对象→子类对象。

对于向上转型，程序会自动完成，而对于向下转型，必须明确指明要转型的子类类型，格式如下：

对象向上转型：父类 父类对象 = 子类对象；

对象向下转型：子类 子类对象 =（子类）父类对象；

3.9.2 操作任务——观察示例，理解多态性

```
class Person {
  private String name;
  private int age;
  Person (String name, int age) {
    this.name = name;
    this.age = age;
  }
  public String toString () {
    return "姓名:" + name + ", 年龄" + age;
  }
}
class Teacher extends Person {
  private float salary;
  Teacher (String name, int age, float salary) {
    super (name, age);
    this.salary = salary;
```

```
    }
    public String toString () {
      return super. toString () + ", 薪水" + salary;
    }
  }
  class Student extends Person {
    private float score;
    Student (String name, int age , float score)
  {
      super (name, age);
      this. score = score;
    }
    public String toString () {
      return super. toString () + ", 学生成绩:" + score;
    }
  }
  public class PolDemo3 _ 14 {
    public static void main (String [] args) {
    Person p = new Teacher ("eva", 33, 2000. 0f); // 向上转型
    Teacher t = (Teacher) p; // 向下转型
    System. out. println (p. toString ());
    System. out. println (t. toString ());
    / * Person p = new Person ("john", 30);
    Teacher t = (Teacher) p;
    System. out. println (p. toString ());
    System. out. println (t. toString ()); * /
    }
  }
```

程序运行结果如图 3-9 所示。

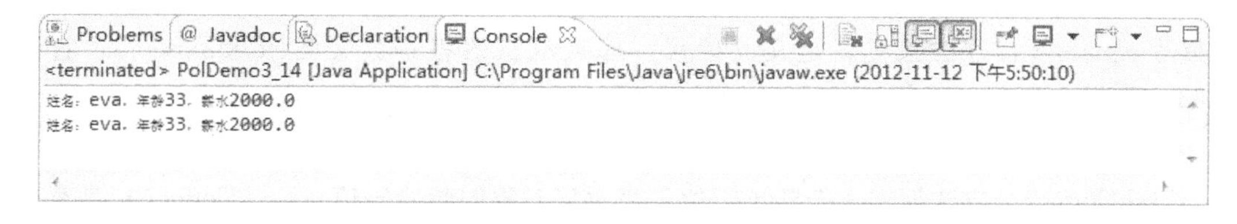

图 3-9 文件 PolDemo3 _ 14. java 运行结果

经过向上和向下转型后，可能出现某个引用到底指向哪种类型对象，在 Java 中可以使用 instanceof 关键字判断一个对象到底是哪个类的实例，格式如下：

对象引用 instanceof 类名→返回 boolean 类型
对象引用 instanceof 接口名→返回 boolean 类型

请读者自行测试。

3.10 学习 Object 类

3.10.1 阅读任务——Object 类

Object 类是其他所有类的基类。Object 类位于 java.lang 包中，java.lang 包包含着 Java最基础和核心的类，在编译时会自动导入。Object 类中的主要方法见表 3-2。

表 3-2 Object 类中的主要方法

序号	方法名称	类型	描述
1	public Object ()	构造	构造方法
2	public boolean equals (Object? obj)	普通	对象比较
3	public String toString ()	普通	对象输出
4	public int hashCode ()	普通	取得 hash 码

1. public boolean equals (Object obj)

equlas () 方法是：判断两个对象是否相等。equlas () 方法与==操作的区别如下。

(1) ==操作比较的是两个变量的值，对于引用类型表示的是两个变量在堆中存储的地址是否相同，即栈中的内容是否相同。

(2) equals 操作表示的是两个变量是否是对同一个对象的引用，即堆中的内容是否相同，该方法继承自 Java 的根类 Object。那么判断对象相等的标尺又是什么？

在 object 类中，此标尺即为==。当然，这个标尺不是固定的，其他类中可以按照实际的需要对此标尺含义进行重定义。如 String 类中则是依据字符串内容是否相等来重定义此标尺含义。如此可以增加类的功能型和实际编码的灵活性。当然了，如果自定义的类没有重写 equals () 方法来重新定义此标尺，那么默认的将是其父类的 equals ()，直到 object 基类。

2. public native int hashCode ()

hashCode () 方法返回一个整形数值，表示该对象的哈希码值。hashCode () 具有如下约定。

(1) 在 Java 应用程序执行期间，对于同一对象多次调用 hashCode () 方法时，其返回的哈希码是相同的，前提是将对象进行 equals 比较时所用的标尺信息未做修改。在 Java 应用程序的一次执行到另外一次执行，同一对象的 hashCode () 返回的哈希码无须保持一致。

（2）如果两个对象相等（依据调用 equals（）方法），那么这两个对象调用 hashCode（）返回的哈希码也必须相等。

（3）反之，两个对象调用 hasCode（）返回的哈希码相等，这两个对象不一定相等。即严格的数学逻辑表示为：两个对象相等 <=> equals（）相等 => hashCode（）相等。因此，重写 equlas（）方法必须重写 hashCode（）方法，以保证此逻辑严格成立，同时可以推理出：hasCode（）不相等 => equals（）不相等 <=> 两个对象不相等。

其实，这主要体现在 hashCode（）方法的作用上，其主要用于增强哈希表的性能。

3.10.2 操作任务——观察示例，理解 toString（）方法的使用

```
class Student {
  private String name;
  private int age;
  public Student (String name, int age) {
    this. name = name;
    this. age = age;
  }
}
public class ObjectDemo3 _ 15 {
  public static void main (String [] args) {
    Student stu = new Student ("sam", 20);
    System. out. println (stu);
    System. out. println (stu. toString ());
  }
}
```

程序运行结果如图 3-10 所示。

```
Problems  @ Javadoc  Declaration  Console
<terminated> ObjectDemo3_15 [Java Application] C:\Program Files\Java\jre6\bin\javaw.exe (2012-11-12 下午6:09:36)
d15.Student@6bbc4459
d15.Student@6bbc4459
```

图 3-10 文件 ObjectDemo3 _ 15. java 运行结果

从运行结果可以看出，加不加 toString（）方法输出结果一样，即对象输出时一定会调用 Object 类中的 toString（）方法。通常情况下，toString（）方法应该返回能够简明扼要地描述对象的文本，而上面的字符串不包含有意义的描述信息。所以，一般子类都会覆盖该方法，让该方法返回有意义的文本。如在 Student 类中覆盖 toString（）方法代码如下：

```
public String toString () {
return "姓名：" + name + "年龄：" + age;
}
```

执行结果就变为如图 3-11 所示。

```
Problems  @ Javadoc  Declaration  Console
<terminated> ObjectDemo3_15 [Java Application] C:\Program Files\Java\jre6\bin\javaw.exe (2012-11-12 下午6:18:37)
姓名: sam 年龄: 20
姓名: sam 年龄: 20
```

图 3-11 修改文件 ObjectDemo3 _ 15. java 后运行结果

3.11 学习包装类

3.11.1 阅读任务 1——包装类

Java 的设计思想是一切皆为对象，但 Java 的 8 种基本类型并不是对象，因此，Sun 给 8 个基本数据类型分别增加了属性和方法，生成了相对应的 8 个类，称为包装类 (Wrapper)，见表 3-3。

表 3-3 包装类

序号	基本数据类型	包装类
1	byte	java. lang. Byte
2	short	java. lang. Short
3	int	java. lang. Integer（注意类名）
4	long	java. lang. Long
5	float	java. lang. Float
6	double	java. lang. Double
7	char	java. lang. Character（注意类名）
8	boolean	java. lang. Boolean

查阅帮助文档会发现，每个包装类都包含了几十个方法，每个包装类都有一些类似功能的方法。归纳总结为以下几个方面。

3.11.2 阅读任务2——基本数据类型转换为包装类

java.lang 包中的 Integer 类、Long 类和 Short 类，分别将基本类型 int \ long 和 shorrt 封装成一个类。由于这些类都是 Number 的子类，区别就是封装不同的数据类型，其包含的方法基本相同，所以，本节以 Integer 类为例介绍整数包装类。

Integer 类在对象中包装了一个基本类型 int 的值，该类的对象包含一个 int 类型的字段。此外，该类提供了多个方法，能在 int 类型和 String 类型之间互相转换，同时还提供了处理 int 类型时非常有用的其他一些常量和方法。

Integer 类有以下两种构造方法。

1）Integer（ int number)

该方法以一个 int 型变量作为参数来获取 Integer 对象。

2）Integer（ String str)

该方法以一个 String 型变量作为参数来获取 Integer 对象。

3.11.3 阅读任务3——字符串转换为包装类

Boolean 类将基本类型为 boolean 的值包装在一个对象中，一个 Boolean 类型的对象只包含一个类型为 boolean 的字段。此外，此类还为 boolean 和 String 的相互转换提供了许多方法，并提供了处理 boolean 时非常有用的其他一些常量和方法。

构造方法如下：

```
Boolean (boolean value)
```

该方法创建一个表示 value 参数的 Boolean 对象。

```
Boolean (String str)
```

该方法以 String 变量作为参数创建 Boolean 对象。如果 String 参数不为 null 且在忽略大小写时等于 true，则分配一个表示 true 值的 Boolean 对象，否则获得一个 false 值的 Boolean 对象。

3.11.4 阅读任务4——包装类转换为 Byte 型

Byte 类将基本类型为 byte 的值包装在一个对象中，一个 Byte 类型的对象只包装一个类型为 byte 的字段。此外，该类还为 byte 和 String 的相互转换提供了方法，并提供了处理 byte 时非常有用的其他一些常量和方法。

构造方法如下。

```
ByteCoyte value)
```

这种方法创建的 Byte 对象，可表示指定的 byte 值。

```
Byte (String str)
```

这种方法创建的 Byte 对象，可表示 String 参数所指示的 byte 值。

3.11.5 阅读任务5——包装类转换为 Character 类型

7 个包装类都由静态方法实现字符串转换为基本数据类型。归纳简化为如下的格式：

```
public static type parsetype (String s)
```

其中 type 代表除字符串外 7 个基本数据类型，如 parseInt ()、parseFloat () 等。如果字符串不是由合法的数字组成的，运行时会抛出 NumberFormatException 类异常。

各种数据类型的转换关系如图 3-12 所示。

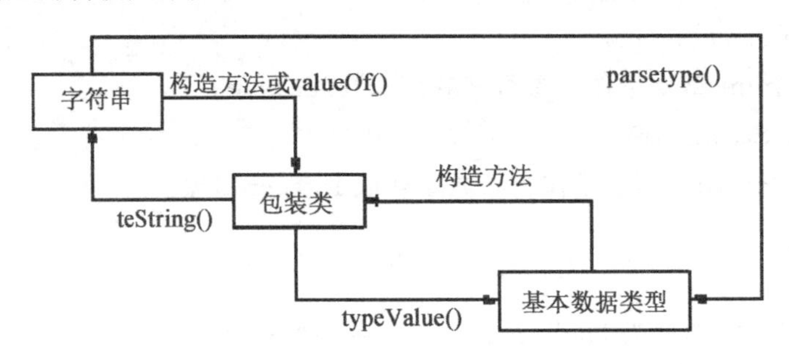

图 3-12 数据类型转换图

3.11.6 阅读任务6——自动装箱和自动拆箱

将基本数据类型转换为包装类称为装箱，把包装类转换为基本数据类型称为拆箱。装箱时使用的是构造方法，拆箱时可以使用 parsetype () 方法。在 JDK5.0 版本以后，简化了装箱/拆箱的过程，使用了自动机制，使装箱和拆箱的编码更为简单。

3.11.7 操作任务——观察示例，理解内部类的应用

```
public class Demo3_16 {
  public static void main (String [] args) {
    Integer x = 10;
    Integer y = 20;
    Integer z = x + y ;
    System.out.println (z);
  }
}
```

程序运行结果如下：

```
30
```

实际上这些装箱和拆箱的工作由编译器完成。

3.11.8 阅读任务7——覆盖父类的方法

包装类是 Object 的子类，在包装类里覆盖了父类的方法，常用的是 equals () 和 toString () 方法。

覆盖后的 equals () 方法不再比较引用的值，而是比较被包装的基本数据类型的值是否相等。

覆盖后的 toString () 返回被包装的基本数据类型的值。

本章小结

序号	总学习任务	阅读任务	操作任务
1	面向对象基础知识	面向对象的基本概念	
		面向对象基本特性	
2	类的定义	类的定义	
		类名及类修饰词	
		类的成员变量及其修饰词	
		类的成员方法及其修饰词	
		内部类	内部类的使用
3	对象的创建	对象的创建	创建对象实例
		封装性	为程序加上封装属性
		构造方法	类实例化过程
		匿名对象	
		this 关键字	this 的应用
		static 关键字	static 的应用
4	继承	继承的概念及语法规则	继承的语法
		继承的使用原则	
		重载和覆盖	覆盖的应用
		super 关键字	super 的应用
5	final 关键字	final 变量	
		final 方法	
		final 类	
6	抽象类	抽象类	抽象类的应用

续表

序号	总学习任务	阅读任务	操作任务
7	接口	接口	
		接口定义	
		接口实现	接口的实现
		匿名内部类	创建一个匿名的内部类
8	包及访问控制权限	包概念	
		包的操作	
		访问权限修饰符	
9	对象的多态性	对象的多态性	理解多态性
10	Object 类	Object 类	toString（）方法的使用
11	包装类	包装类	
		基本数据类型转换为包装类	
		字符串转换为包装类	
		包装类转换为 Byte 型	
		字符串转换为基本数据类型	
		自动装箱和自动拆箱	内部类的应用
		覆盖父类的方法	

本章习题

1. 编写一个程序，实现通过字符型变量创建 Boolean 值，再将其转换成字符串输出，观察输出后的字符串与创建 Boolean 对象时给定的参数是否相同。

2. 编写接口和实现类。动物能运动，鸟类飞翔，狮子奔跑，鱼儿游泳，然后对这些类进行测试。

3. 声明一个矩形类，定义成员变量和方法，并创建一个矩形对象，通过设置长和宽，输出其周长和面积。

4. 创建两个 Integer 类对象，并以 int 类型将 Integer 的值返回。

第4章

字符串

▶ 本章导读

本章介绍 Java 处理字符串和字符的功能。本章将详细讨论 java.lang 包中的 String 类、StringBuffer 类和 StringTokenizer 类的功能。这些类为在 Java 中操作字符串和字符提供了基本功能。

4.1 学习 String 类

4.1.1 阅读任务 1——String 对象

在 Java 语言中，提供了一个专门用来操作字符串的类 java.lang.String。

1. 创建字符串对象

在使用字符串对象之前，可以先通过下面的方式声明一个字符串：

```
String 字符串标识符;
```

但是字符串对象需要被初始化才能使用，声明并初始化字符串的常用方式如下：

```
String 字符串标识符 = 字符串;
```

Java 使用 java.lang 包中的 String 类来创建一个字符串变量，因此字符串变量是 String 类类型变量，是一个 String 对象。

使用 String 类的构造方法创建字符串对象。

(1) 创建字符串对象时直接赋值。例如：String s1="hello"。

(2) 由一个字符串创建另一个字符串。

```
例如：String s1 = "hello"; String s2 = new String (s1);
```

(3) 由字符型数组来创建字符串。

```
例如：char [] c = {'a','b','c'};    String s = new String (c);
```

4.1.2 操作任务 1——观察示例，理解声明和创建 String 对象实体

```
public class StringDemo4_1 {
public static void main (String [] args) {// 直接实例化 String 对象
String s1 = "helloworld";
String s2 = "helloworld ";
// 调用 String 类中的构造方法实例化对象
String s3 = new String ("helloworld ");
String s4 = new String ("helloworld ");
// "==" 比较
System.out.println ("s1 = = s2 - >" + (s1 = = s2));
System.out.println ("s3 = = s4 - >" + (s3 = = s4));
```

```
System.out.println ("s1 = = s3 - >" + (s1 = = s3));
// String 的内容比较
System.out.println ("s1 equals s2 - >" + (s1.equals (s2)));
System.out.println ("s3 equals s4 - >" + (s3.equals (s4)));
System.out.println ("s1 equals s3 - >" + (s1.equals (s3)));
// 修改字符串的内容
s1 = "JAVA - >" + s1;
System.out.println (s1);
}
}
```

程序运行结果如下：

```
s1 = = s2 - >false
s3 = = s4 - >false
s1 = = s3 - >false
s1 equals s2 - >false
s3 equals s4 - >false
s1 euqals s3 - >false
JAVA - >hello world
```

从程序运行结果可以得出以下结论。

(1) String 类的 equals () 方法重写了 Object 类的 equals () 方法。

(2) String 类的两种实例化方法在实例化对象时存在差别，原因如下。

Java 中提供了一个字符串池来保存全部内容，这是 Java 的共享设计，即直接赋值的方式声明的多个对象在一个对象池中，新实例化的对象如果在池中已经定义了，则不再重新定义，而是直接使用，即对象 s1、s2 指向对内存中字符串池中的同一个对象；如果使用 new 关键字，不管如何都会开辟一个新的空间，对象 s3、s4 实际上是开辟了两个内存空间的引用，其地址值是不相同的。建议使用直接实例化的方法。

(3) String 类可以修改字符串的内容。

实际上字符串的内容是不可更改的，下面通过内存分配图理解字符串内容的不可更改性，如图 4-1 所示。

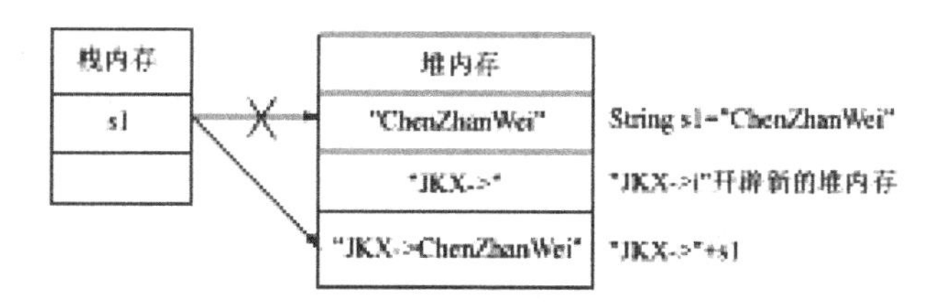

图 4-1 字符串修改的内存分配图

从图 4-2 可知，一个 String 对象内容的改变实际上是内存地址的改变，而本身字符串的内容并没有改变。一般字符串的修改由 StringBuffer 类完成。

4.1.3 阅读任务 2——字符串常量

字符串常量在程序中是不可以被修改的，是用一对双引号引起来的字符序列。字符串中的字符依次存储在内存中一块连续的区域内，并且把空字符‘\O’自动附加到字符串的尾部作为字符串的结束标志。例如，一个字符串包含 n 个字符，那么该字符串在内存中占（$n+1$）个字节。也可以直接输出一个字符串常量，可以使用如下语句：

```
System. out. println ("I - m a constant string!");
```

4.1.4 阅读任务 3——String 类的常用方法

String 的常用方法见表 4-1。

表 4-1 String 的常用方法

序号	方法名称	描述
1	length ()	返回字符串的长度，用整型表示，字符串支持的串长度最大可达 20 亿
2	charAt ()	返回指定位置的字符
3	indexOf ()	返回第一次出现指定子字符串的索引
4	equals ()	比较字符串是否相等，返回 true 或 false
5	compareTo ()	比较字符串的大小，返回一个 int 型的整数
6	contains ()	用于检查一个字符串是否包含另一个字符串
7	substring ()	截取字符串的子字符串
8	toUpperCase ()	将所有字符都转换成大写
9	toLowerCase ()	将所有字符都转换成小写
10	trim ()	删除字符串头部和尾部的白字符
11	sl. startsWith (s2)	判断字符串 sl 是否从字符串 s2 开始
12	sl. endsWith (s2)	判断字符串 sl 是否以字符串 s2 结尾

4.1.5 操作任务 2——观察示例，理解 String 类的常用方法应用

```
public class StringDemo5 _ 2 {
  public static void main (String args [ ]) {
    String s1, s2;
    s1 = new String ("we are students");
```

```
        s2 = new String ("we are students");
        System.out.print (s1.equals (s2) +" ");
        System.out.println (s1 = = s2);
        String s3, s4;
        s3 = "how are you";
        s4 = "how are you";
        System.out.print (s3.equals (s4) +" ");
        System.out.println (s3 = = s4);
        System.out.print (s1.contains (s3) +" ");
        System.out.println (s2.contains ("stu"));
    }
}
```

程序运行结果如图 4-2 所示。

```
Console ⊠  Problems  @ Javadoc  Declaration
<terminated> StringDemo5_2 [Java Application] C:\Program Files\Java\jre6\bin\javaw.exe (2012-11-19 下午12:28:42)
true false
true true
false true
```

图 4-2 文件 StringDemo4 _ 2. java 运行结果

4.1.6 阅读任务 4——字符串与基本数据的相互转化

1. 字符串转换为数值

通过调用 java. lang 包中 Integer 类的类方法 public static int parseInt (String s)，可以将数字格式的字符串，如“1234”，转化为 int 型数据。如：

```
String s = "1234";
int x = Integer.parseInt (s);
```

类似地，可使用 java. lang 包中 Byte、Short、Long、Double 类的类方法，将数字格式的字符串转化为相应的基本数据类型：

```
public static Byte parseByte (String s);
public static short parseShort (String s);
public static Long parseLong (String s);
public static double parseDouble (String s);
```

2. 数值转换为字符串

使用 String 类的 valueOf 方法可将 byte、int、long、float、double 等类型的数值转换

为字符串，如：

```
String s = String. valueOf (4587. 456);
float x = 1254. 54;
String s1 = String. valueOf (x);
```

借助字符串类 String 的构造方法和成员方法，可以方便地将字节数组和字符数组转换为字符串，或者将字符串转换为字节数组或字符数组。其主要用法如下：

```
/ 声明字节数组和字符数组
byte [] b = { 65, 66, 67, 68, 69, 70, 71, 72, 73, 74, 75 };
char [] c = { 'a', 'b', 'c', 'd', 'e', 'f', 'g', 'h', 'i', 'j', 'k' };
// 声明字符串对象
String str;
// 将字节数组转换为字符串
str = new String (b);
// 将字节数组中指定位置 (5) 开始的指定长度 (20) 的字节转换为字符串
str = new String (b, 2, 8);
// 将字符数组转换为字符串
str = new String (c);
// 将字符数组中指定位置 (5) 开始的指定长度 (20) 的字符转换为字符串
str = new String (c, 2, 8);
// 将字符串转换为字节数组
b = str. getBytes ();
// 将字符串转换为字符数组
c = str. toCharArray ();
```

4.1.7 操作任务3——观察示例，理解字符串与基本数据相互转化的应用

```
public class StringDemo5 _ 3 {
  public static void main (String args [ ]) {
    int number = 8658;
    String binaryString = Long. toBinaryString (number);
    System. out. println (number + "的二进制表示：" + binaryString);
    System. out. println (number + "的八进制表示：" + Long. toOctalString (number));
    System. out. println (number + "的十六进制表示：" + Long. toString (number, 16));
  }
}
```

程序运行结果如图 4-3 所示。

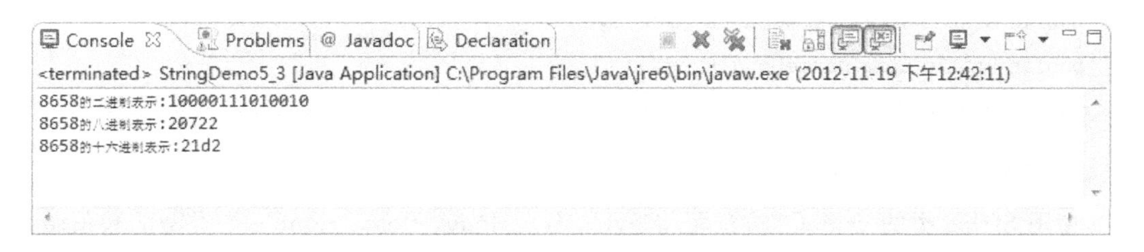

图 4-3 文件 StringDemo5 _ 3. java 运行结果

4.1.8 阅读任务5——对象的字符串表示

我们知道所有的类都默认继承自 Object 类，Object 类在 java. lang 包中。在 Object 类中有一个 public String toString（）方法，这个方法用于获得该对象的字符串表示。

一个对象调用 toString（）方法返回的字符串的一般形式为

包名．类名@内存的引用地址

4.1.9 操作任务4——观察示例，理解对象的字符串表示

```
public class Student {
String name;
public Student (String s) {
name = s;
}
public String toString () {
return super. toString () + name + "是三好学生。";
}
}
```

程序运行结果如下：

```
Com. Student@19e0bfd小明是三好学生。
```

4.1.9 阅读任务6——字符串与字符数组、字节数组

1. 字符串转换为数值

通过调用 java. lang 包中 Integer 类的类方法 public static int parseInt（String s），可以将数字格式的字符串，如“1234”，转化为 int 型数据。

类似地，可使用 java. lang 包中 Byte、Short、Long、Double 类的类方法，将数字格式的字符串转化为相应的基本数据类型。

```
public static Byte parseByte (String s);
```

```
public static short parseShort (String s);
public static Long parseLong (String s);
public static double parseDouble (String s);
```

2. 数值转换为字符串

使用 String 类的 valueOf 方法可将 byte、int、long、float、double 等类型的数值转换为字符串。

借助字符串类 String 的构造方法和成员方法，可以方便地将字节数组和字符数组转换为字符串，或者将字符串转换为字节数组或字符数组。其主要用法如下：

```
// 声明字节数组和字符数组
byte [] b = { 65, 66, 67, 68, 69, 70, 71, 72, 73, 74, 75 };
char [] c = { 'a', 'b', 'c', 'd', 'e', 'f', 'g', 'h', 'i', 'j', 'k' };
// 声明字符串对象
String str;
// 将字节数组转换为字符串
str = new String (b);
// 将字节数组中指定位置（5）开始的指定长度（20）的字节转换为字符串
str = new String (b, 2, 8);
// 将字符数组转换为字符串
str = new String (c);
// 将字符数组中指定位置（5）开始的指定长度（20）的字符转换为字符串
str = new String (c, 2, 8);
// 将字符串转换为字节数组
b = str.getBytes ();
// 将字符串转换为字符数组
c = str.toCharArray ();
```

4.1.10 操作任务5——观察示例，理解字符串与字符数组、字节数组的应用

建立文件 StringDemo5 _ 5.java，完成以下字符串加密程序。

```
import java.util.Scanner;
public class StringDemo5 _ 5 {
public static void main (String args [ ]) {
Scanner reader = new Scanner (System.in);
String s = reader.nextLine ();
char a [] = s.toCharArray ();
for (int i = 0; i<a.length; i + + ) {
a [i] = (char) (a [i] ^'w');
```

```
        }
        String secret = new String (a);
        System.out.println (" 密文:" + secret);
        for (int i = 0; i<a.length; i++) {
          a[i] = (char) (a[i] ^'w');
        }
        String code = new String (a);
        System.out.println (" 原文:" + code);
        }
        }
```

程序运行结果如图 4-4 所示。

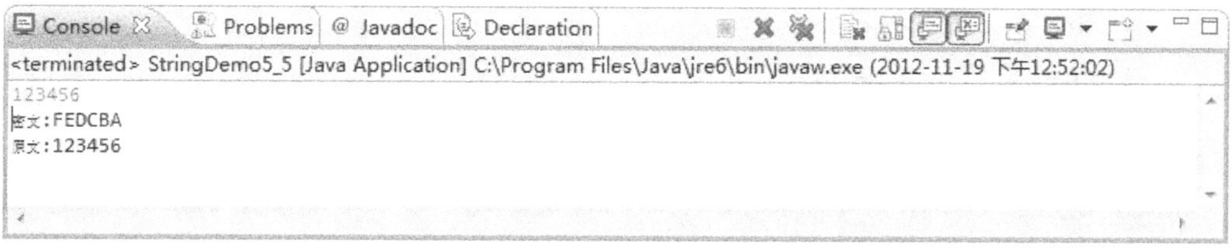

Console　Problems　@ Javadoc　Declaration

<terminated> StringDemo5_5 [Java Application] C:\Program Files\Java\jre6\bin\javaw.exe (2012-11-19 下午12:52:02)

123456
密文:FEDCBA
原文:123456

图 4-4　文件 StringDemo4 _ 5. java 运行结果

建立文件 StringDemo5 _ 6. java，完成以下程序：

```
public class StringDemo5 _ 6 {
  public static void main (String args [ ]) {
    byte d [] = "YOUIHE 你我他" .getBytes ();
    System.out.println ("数组 d 的长度是（一个汉字占两个字节）:" + d.length);
    String s = new String (d, 6, 2);
    System.out.println (s);
  }
}
```

程序运行结果如图 4-5 所示。

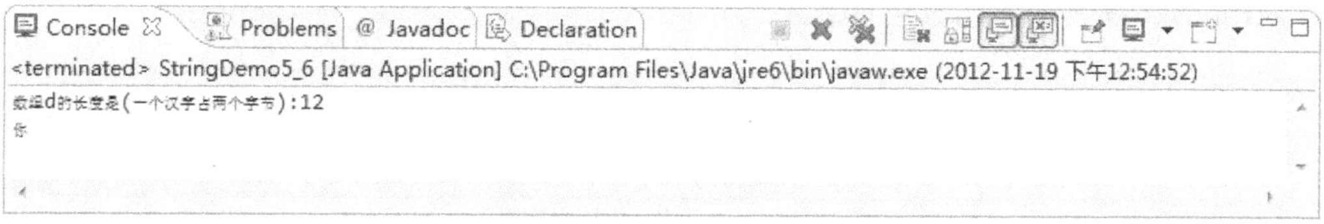

Console　Problems　@ Javadoc　Declaration

<terminated> StringDemo5_6 [Java Application] C:\Program Files\Java\jre6\bin\javaw.exe (2012-11-19 下午12:54:52)

数组d的长度是(一个汉字占两个字节):12
你

图 4-5　文件 StringDemo4 _ 6. java 运行结果

 4.2 学习 StringBuffer 类

 4.2.1 阅读任务——StringBuffer 类

在 Java 中，String 类的对象一旦被初始化，它的值和所分配的内存就不能被改变了。如果想要改变它的值，则必须创建一个新的 String 对象。因此，String 类的对象会消耗大量的内存空间。例如，下面的代码创建了一个 String 对象并使用串联符号（+）来为它添力口多个字符：

```
String sample1 = new String ("Hello");
sample1 + = "my name is";
sample1 + = "xiaohong";
```

系统会创建三个 String 对象来完成上面的替换。其中第一个对象是 Hello，然后每次添加字符串时都会创建一个新的 String 对象。

显然，这种方法的问题在于一个简单的字符串拼接消耗了太多的内存资源。为了解决这种问题，Java 中提供了 StringBuffer 类。

2. 用 StringBuffer 类处理字符串

StringBuffer 类用于创建和操作动态字符串，为该类对象分配的内存会自动扩展以容纳新增的文本。因此，StringBuffer 类适合于处理可变字符串。

StringBuffer 类的构造方法有以下几种。

（1）StringBuffer ()：构造一个不带字符的字符串对象，其初始容量是 16 个字符。

（2）StringBuffer (int capacity)：构造一个不带字符但具有指定初始容量 capacity 的字符串对象。

（3）StringBuffer (String s)：构造一个字符串对象，并将其内容初始化为指定字符串 S。

3. StringBuffer 类的常用方法

StringBuffer 类的常用方法见表 4-2。

表 4-2 StringBuffer 类的常用方法

序号	方法名称	描述
1	int capacity ( )	返同当前容量
2	boolean equals (Object ohj)	从 Obj cct 继承而来，不能比较 StringBuffer 的值
3	StringBuffer append (str)	将其他类型数据转换为字符串后再追加到 StringBuffer 对象中

续表

序号	方法名称	描述
4	void setCharAt (int index, char ch)	将当前 StringBuffer 对象实体中的字符序列位置 index 处的字符用参数 ch 指定的字符替换
5	StringBuffer insert (int offset, String str)	将一个字符串插入实体中的字符序列中
6	StringBuffer delete (int start, int end)	删除此字符序列中的子字符串，从 start 位置开始，end 位置结束
7	StringBuffer reverse ( )	将此字符序列翻转
8	StringBuffer replace (int start, int end, String str)	将当前字符序列的一个子字符序列用参数 str 指定的字符串替换

4.2.2 操作任务——观察示例，理解 StringBuffe 类常用方法的应用

建立文件 StringBufferDemo5 _ 7. java，完成字符串连接操作（append 方法）程序：

```
public class StringBufferDemo5 _ 7 {
public static void main (String [] args) {
StringBuffer sb = new StringBuffer (); // 声明对象
sb. append ("zknu. "); // 向 StringBuffer 中添加内容
sb. append ("edu. ") . append ("cn"); // 连续调用 append 方法添加内容
sb. append ("\ n"); // 添加一个转义符表示换行
sb. append ("数字 = ") . append (3) . append ("\ n"); // 添加数字
sb. append ("字符 = ") . append ('c') . append ("\ n"); // 添加字符
sb. append ("布尔 = ") . append (false); // 添加布尔类型
System. out. println (sb); // 内容输出
}
}
```

程序运行结果如图 4-6 所示。

```
Console ✕  Problems  @ Javadoc  Declaration
<terminated> StringBufferDemo5_7 [Java Application] C:\Program Files\Java\jre6\bin\javaw.exe (2012-11-19 下午12:57:51)
zknu.edu.cn
数字 = 3
字符 = c
布尔 = false
```

图 4-6 文件 StringBufferDemo5 _ 7. java 运行结果

建立文件 StringBufferDemo5 _ 8. java，完成在指定位置添加内容（insert 方法）程序：

```
public class StringBufferDemo5 _ 8 {
public static void main (String [] args) {
StringBuffer sb = new StringBuffer (); // 声明对象
sb. append ("计算机工程系"); // 向 StringBuffer 中添加内容
sb. insert (0, "太原大学"); // 在所有内容之前添加
System. out. println (sb); // 内容输出
sb. insert (sb. length (), " - 网络技术郭靖"); // 在最后添加
System. out. println (sb); // 内容输出
}
}
```

程序运行结果如图 4-7 所示。

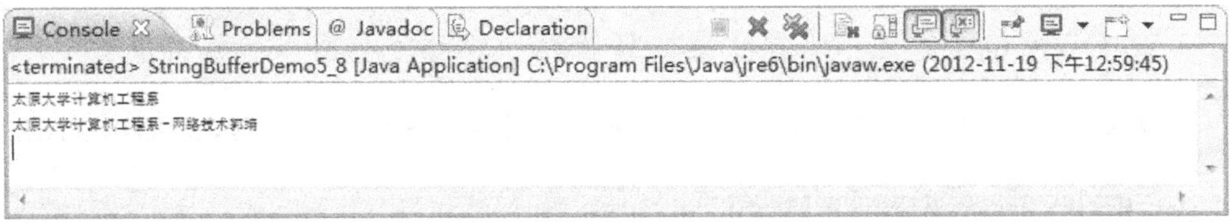

Console ☒ Problems @ Javadoc Declaration
<terminated> StringBufferDemo5_8 [Java Application] C:\Program Files\Java\jre6\bin\javaw.exe (2012-11-19 下午12:59:45)
太原大学计算机工程系
太原大学计算机工程系-网络技术郭靖

图 4-7　文件 StringBufferDemo5 _ 8. java 运行结果

建立文件 StringBufferDemo5 _ 9. java，完成字符串反转操作（reverse 方法）程序：

```
public class StringBufferDemo5 _ 9 {
public static void main (String [] args) {
StringBuffer sb = new StringBuffer (); // 声明对象
sb. append ("计算机工程系"); // 向 StringBuffer 中添加内容
sb. insert (0, "太原大学"); // 在所有内容之前添加
// 将内容反转后变为 String 类型
String s = sb. reverse () . toString ();
System. out. println (s); // 内容输出
}
}
```

运行程序，观察结果。程序运行结果如图 4-8 所示。

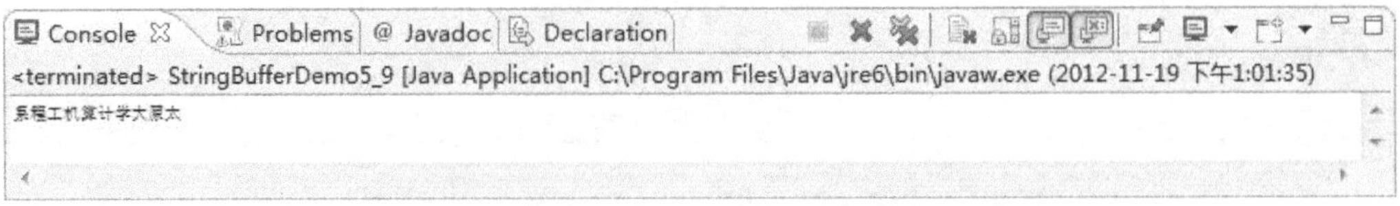

Console ☒ Problems @ Javadoc Declaration
<terminated> StringBufferDemo5_9 [Java Application] C:\Program Files\Java\jre6\bin\javaw.exe (2012-11-19 下午1:01:35)
系程工机算计学大原太

图 4-8　文件 StringBufferDemo4 _ 9. java 运行结果

建立文件 StringBufferDemo5 _ 10.java，完成替换指定范围的内容（replace 方法）程序：

```
public class StringBufferDemo5_10 {
public static void main (String [] args) {
StringBuffer sb = new StringBuffer (); // 声明对象
sb.append ("JKX->rjxy") .append ("SAM"); //添加内容
sb.replace (9, 12, "->czw"); // 将 SAM 替换为 ->czw
System.out.println (sb); // 内容输出
  }
}
```

运行程序，观察结果。程序运行结果如图 4-9 所示。

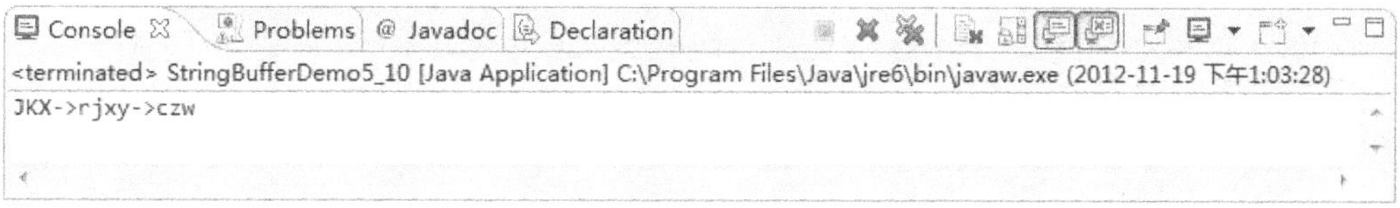

Console ⌧ Problems @ Javadoc Declaration

<terminated> StringBufferDemo5_10 [Java Application] C:\Program Files\Java\jre6\bin\javaw.exe (2012-11-19 下午1:03:28)

JKX->rjxy->czw

图 4-9　文件 StringBufferDemo4 _ 10.java 运行结果

建立文件 StringBufferDemo5 _ 11.java，完成删除指定范围的字符串（delete 方法）程序：

```
public class StringBufferDemo5_11 {
public static void main (String [] args) {
StringBuffer sb = new StringBuffer (); // 声明对象
sb.append ("JKX->rjxy") .append ("SAM"); //添加内容
sb.replace (9, 12, "->czw"); // 将 SAM 替换为 ->czw
sb.delete (3, 9); // 删除指定范围的字符串
System.out.println ("删除之后的内容：" + sb); // 内容输出
}
}
```

运行程序，观察结果。程序运行结果如图 4-10 所示。

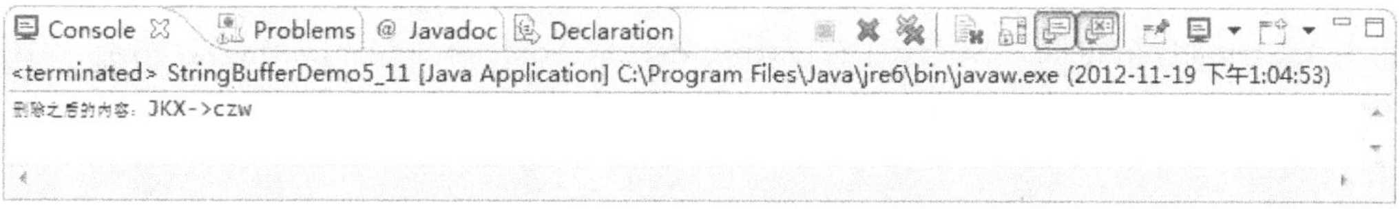

Console ⌧ Problems @ Javadoc Declaration

<terminated> StringBufferDemo5_11 [Java Application] C:\Program Files\Java\jre6\bin\javaw.exe (2012-11-19 下午1:04:53)

删除之后的内容：JKX->czw

图 4-10　文件 StringBufferDemo5 _ 11.java 运行结果

建立文件 StringBufferDemo5 _ 12.java，完成频繁修改字符串的操作程序：

```
public class StringBufferDemo5 _ 12 {
public static void main (String [] args) {
StringBuffer sb = new StringBuffer (); // 声明对象
sb. append (true);
for (int i = 0; i < 20; i+ +) {
sb. append (i); // 比 String 性能高
}
System. out. println (sb);
}
}
```

运行程序，观察结果。程序运行结果如图 4-10 所示。

Console ⊠ Problems @ Javadoc Declaration
<terminated> StringBufferDemo5_12 [Java Application] C:\Program Files\Java\jre6\bin\javaw.exe (2012-11-19 下午1:07:34)
true012345678910111213141516171819

图 4-10 文件 StringBufferDemo5 _ 12. java 运行结果

4.3 学习 StringTokenizer 类

4.3.1 阅读任务——StringTokenizer 类

StringTokenizer 是一个用来分隔 String 的应用类，相当于 VB 的 split 函数。

1. 构造

(1) StringTokenizer (String str)：构造一个用来解析 str 的 StringTokenizer 对象。java 默认的分隔符是“空格”、“制表符（‘\t’)”、“换行符（‘\n’)”、“回车符（‘\r’)”。

(2) StringTokenizer (String str, String delim)：构造一个用来解析 str 的 StringTokenizer 对象，并提供一个指定的分隔符。

(3) StringTokenizer (String str, String delim, boolean returnDelims)：构造一个用来解析 str 的 StringTokenizer 对象，并提供一个指定的分隔符，同时，指定是否返回分隔符。

2. 方法

StringTokenizer 类的所有方法均为 public，书写格式：

[修饰符] ＜返回类型＞＜方法名（[参数列表]）＞

（1）int countTokens（）：返回 nextToken 方法被调用的次数。

（2）boolean hasMoreTokens（）：返回是否还有分隔符。

（3）boolean hasMoreElements（）：结果同（2）。

（4）String nextToken（）：返回从当前位置到下一个分隔符的字符串。

（5）Object nextElement（）：结果同（4）。

（6）String nextToken（String delim）：与（4）类似，以指定的分隔符返回结果。

4.3.2 操作任务——观察示例，理解 StringTokenizer 类的应用

建立文件 StringBufferDemo5_13.java，完成用户从键盘输入一个浮点数，程序分别输出该数的整数部分和小数部分的程序：

```
import java.util.*;
public class StringBufferDemo5_13 {
  public static void main (String args []) {
    String [] mess = {"整数部分","小数部分"};
    Scanner reader = new Scanner (System.in);
    double x = reader.nextDouble ();
    String s = String.valueOf (x);
    StringTokenizer fenxi = new StringTokenizer (s,".");
for (int i = 0; fenxi.hasMoreTokens (); i++) {
      String str = fenxi.nextToken ();
      System.out.println (mess [i] + ":" + str);
    }
  }
}
```

运行程序，观察结果。程序运行结果如图 4-11 所示。

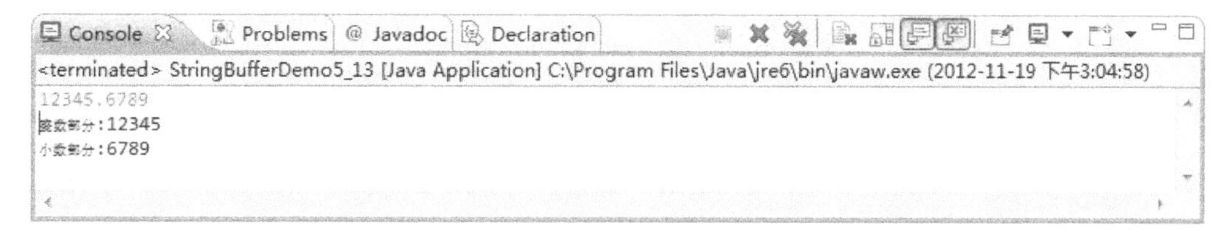

图 4-11 文件 StringBufferDemo5_13.java 运行结果

本章小结

序号	总学习任务	阅读任务	操作任务
1	String 类	String 对象	声明和创建 String 对象实体
		字符串常量	String 类的常用方法应用
		String 类的常用方法	字符串与基本数据相互转化的应用
		字符串与基本数据的相互转化	对象的字符串表示
		对象的字符串表示	字符串与字符数组、字节数组的应用
		字符串与字符数组、字节数组	
2	StringBuffer 类	StringBuffer 类	StringBuffe 类常用方法的应用
3	StringTokenizer 类	StringTokenizer 类	StringTokenizer 类的应用

本章习题

1. String 类和 StringBuffer 类有何不同？
2. 简述如何使用 StringBuffer 类的方法进行字符串连接操作。
3. SrringTokenizer 类的主要用途是什么？该类有哪几个重要的方法？
4. 怎样将字符串转化为相应的数值型数据？
5. String 类和 StringBuffer 类有什么区别？

第5章

Java常用类库

▶ 本章导读

本章通过几个常用类的使用，引导读者养成查阅 JDK API 的习惯，这是用好 Java 的关键方法之一。本章主要介绍 Java 语言中常用的类库，包括 Date 类、Calendar 类、Math 类、BigInteger 类、Runtime 类、System 类和 Random 类。

 5.1 学习 Date 类及 Calendar 类

 5.1.1 阅读任务 1——Date 类

1. Date 类

Date 类在 java. util 包中。使用 Date 类的无参数构造方法创建的对象可以获取本地当前时间。

用 Date 的构造方法 Date（long time）创建的 Date 对象表示相对 1970 年 1 月 1 日 0 点（GMT）的时间，例如参数 time 取值 60＊60＊1000 秒表示 Thu Jan 01 01：00：00 GMT 1970。

System 类的静态方法 public long currentTimeMillis（）获取系统当前时间，这个时间是从 1970 年 1 月 1 日 0 点（GMT）到目前时刻所走过的毫秒数（这是一个不小的数）。可以根据 currentTimeMillis（）方法得到的数字，用 Date 的构造方法 Date（long time）来创建一个本地日期的 Date 对象。

2. 格式化时间

Date 对象表示时间的默认顺序是：星期、月、日、小时、分、秒、年。例如：

```
Sat Apr 28 21：59：38 CST 2001
```

我们可能希望按着某种习惯来输出时间，比如时间的序：

年 月 星期 日

或

年 月 星期 日 小时 分 秒

这时可以使用 DateFormat 的子类 SimpleDateFormat 来实现日期的格式化。SimpleDateFormat 有一个常用构造方法：

```
public SimpleDateFormat（String pattern）。
```

该构造方法可以用参数 pattern 指定的格式创建一个对象，该对象调用：format（Date date）方法格式化时间对象 date。

需要注意的是，pattern 中应当含有一些有效的字符序列。

（1）ly 或 yy 表示用 2 位数字输出年份；yyyy 表示用 4 位数字输出年份。

（2）lM 或 MM 表示用 2 位数字或文本输出月份，如果想用汉字输出月份，pattern 中应连续包含至少 3 个 M，如：MMM。

（3）ld 或 dd 表示用 2 位数字输出日。
（4）lH 或 HH 表示用 2 位数字输出小时。
（5）lm 或 mm 表示用 2 位数字输出分。
（6）ls 或 ss 表示用 2 位数字输出秒。
（7）l E 表示用字符串输出星期。

5.1.2 操作任务 1——观察示例，理解 Date 类的使用

```
import java.text.ParseException;
import java.text.SimpleDateFormat;
import java.util.Date;
import java.util.Scanner;
/*
 * 算一下你来到这个世界多少天?
 *
 * 分析:
 *      A: 键盘录入你的出生年月日
 *      B: 把该字符串转换为一个日期
 *      C: 通过该日期得到一个毫秒值
 *      D: 获取当前时间的毫秒值
 *      E: 用 D-C 得到一个毫秒值
 *      F: 把 E 的毫秒值转换为年
 *      /1000/60/24
 *
 */
public class MyYearsOldDemo {
    public static void main (String [] args) throws ParseException {
        //键盘录入你的出生年月日
        Scanner sc = new Scanner (System.in);
        System.out.println (" 请输入你的年月日:");
        String line = sc.nextLine ();

        //把该字符串转换为一个日期
        SimpleDateFormat sdf = new SimpleDateFormat (" yyyy-MM-dd");
        Date d = sdf.parse (line);

        //通过该日期得到一个毫秒值
        long myTime = d.getTime ();
```

```
            //获取当前时间毫秒值
            long nowTime = System.currentTimeMillis ();

            //E：用D-C得到一个毫秒值
            long time = nowTime - myTime;

            //F：把E的毫秒值转换为年
            long day = time/1000/60/60/24;

            System.out.println ("你来到这个世界：" +day+"天");
        }
    }
```

5.1.3 阅读任务2——Calendar类

实际项目经常会涉及对时间的处理，例如登陆网站，我们会看到网站首页显示XX，欢迎您！今天是X年等。某些网站会记录下用户登陆的时间，如银行的一些网站，对于这些经常需要处理的问题，Java中提供了Calendar这个专门用于对日期进行操作的类。Calendar的声明格式：

```
    Public abstract class Calendar extends Objectimplements Serializable, Cloneable,
Comparable<Calendar>
```

Calendar对象调用方法如下。

(1) get (int field)：获取指定属性的值。

(2) getActualMaximum (int field)：获取指定属性当前的最大值。

(3) getMaximum (int field)：获取指定属性的最大值（与上个的区别是，不仅限于当前时间，例如如果当前是2月份，用此方法获取月的最大天数，结果为31天）。

(4) add (int field, int amount)：修改指定属性的日期时间。

(5) set (int year, int month, int date)：为日历设置指定的日期。

(6) set (int field, int value)：设置指定属性的日期。

5.1.4 操作任务2——观察示例，理解Calendar类的使用

建立文件CalendarDemo6_2.java，完成以下程序，使用Calendar来表示时间，并计算了1931年和1945年之间相隔的天数：

```
import java.util.*;
public class CalendarDemo6_2 {
  public static void main (String args [ ]) {
    Calendar calendar = Calendar.getInstance ();    //创建一个日历对象
```

```
        calendar.setTime (new Date ());                //用当前时间初始化日历时间
        String 年 = String.valueOf (calendar.get (Calendar.YEAR)),
        月 = String.valueOf (calendar.get (Calendar.MONTH) + 1),
        日 = String.valueOf (calendar.get (Calendar.DAY_OF_MONTH)),
        星期 = String.valueOf (calendar.get (Calendar.DAY_OF_WEEK) - 1);
        int hour = calendar.get (Calendar.HOUR_OF_DAY),
        minute = calendar.get (Calendar.MINUTE),
        second = calendar.get (Calendar.SECOND);
        System.out.println ("现在的时间是:");
        System.out.print ("" + 年 + " 年" + 月 + " 月" + 日 + " 日 " + " 星期" + 星期);
        System.out.println (" " + hour + " 时" + minute + " 分" + second + " 秒");
        calendar.set (1931, 8, 18);    //将日历翻到 1931 年 9 月 18 日，8 表示 9 月
        long timeOne = calendar.getTimeInMillis ();
        calendar.set (1945, 7, 15);    //将日历翻到 1945 年 8 月 15 日，7 表示 8 月
        long timeTwo = calendar.getTimeInMillis ();
        long 相隔天数 = (timeTwo - timeOne) / (1000 * 60 * 60 * 24);
        System.out.println ("1945 年 8 月 15 日和 1931 年 9 月 18 日相隔" + 相隔天数 + "天");
    }
}
```

运行程序，观察结果。程序运行结果如图 5-1 所示。

```
Console  Problems  @ Javadoc  Declaration
<terminated> CalendarDemo6_2 [Java Application] C:\Program Files\Java\jre6\bin\javaw.exe (2012-11-19 下午4:39:53)
现在的时间是:
2012年11月19日 星期1 16时39分54秒
1945年8月15日和1931年9月18日相隔5080天
```

图 5-1 文件 CalendarDemo6_2.java 运行结果

5.2 学习 Math 类与 BigInteger 类

5.2.1 阅读任务 1——Math 类

在编写程序时，可能需要计算一个数的平方根、绝对值、获取一个随机数等等。java.lang 包中的类包含许多用来进行科学计算的类方法，这些方法可以直接通过类名调用。另外，Math 类还有两个静态常量，E 和 PI，它们的值分别是：

    2. 7182828284590452354

和

    3. 14159265358979323846。

Math 类常用方法见表 5-1。

表 5-1 Math 类常用方法

序号	方法名称	描述
1	public static long abs (double a)	返回 a 的绝对值
2	public static double max (double a, double b)	返回 a、b 的最大值
3	public static double min (double a, double b)	返回 a、b 的最小值
4	public static double random ()	产生一个 0 到 1 之间的随机数（不包括 0 和 1）
5	public static double pow (double a, double b)	返回 a 的 b 次幂
6	public static double sqrt (double a)	返回 a 的平方根
7	public static double log (double a)	返回 a 的对数
8	public static double sin (double a)	返回正弦值
9	public static double asin (double a)	返回反正弦值

有时可能需要对输出的数字结果进行必要的格式化，例如，对于 3. 14356789，希望保留小数位为 3 位、整数部分至少要显示 3 位，即将 3. 14356789 格式化为 003. 144。

可以使用 java. text 包中的 NumberFormat 类，该类调用类方法：public static final NumberFormat getInstance () 实例化一个 NumberFormat 对象，该对象调用 public final String format (double number) 方法可以格式化数字 number。

NumberFormat 类常用方法如下：

```
public void setMaximumFractionDigits (int newValue)
public void setMinimumFractionDigits (int newValue)
public void setMaximumIntegerDigits (int newValue)
public void setMinimumIntegerDigits (int newValue)
```

5. 2. 2 操作任务 1——观察示例，理解 Math 类的使用

```
using System;
namespace sample3 _ 1MathClass
{
    class Program
    {
```

```
        static void Main (string [] args)
        {
            Console.WriteLine ("-12 的绝对值为：{0}", Math.Abs (-12));
            Console.WriteLine ("不小于 -12.567 的最小整数为： {0}", Math.Ceiling (-12.567));
            Console.WriteLine ("不大于 -12.567 的最大整数为： {0}", Math.Floor (-12.567));
            Console.WriteLine ("-12.567 保留为小数的四舍五入值为：{0}", Math.Round (-12.567, 2));
            Console.WriteLine ("2 的指数函数为：{0}", Math.Exp (2));
            Console.WriteLine ("2 的立方为：{0}", Math.Pow (2, 3));
            Console.WriteLine ("13.5/3 余数为： {0}", Math.IEEERemainder (13.5, 3));
            Console.ReadKey ();
        }
    }
}
```

5.2.3 阅读任务2——BigInteger类

程序有时需要处理大整数，java.math包中的BigInteger类提供任意精度的整数运算。可以使用构造方法：

```
public BigInteger (String val)
```

构造一个十进制的BigInteger对象。该构造方法可以发生NumberFormatException异常，也就是说，字符串参数val中如果含有非数字字母就会发生NumberFormatException异常。

BigInteger类的常用方法见表5-2。

表5-2 BigInteger类常用方法

序号	方法名称	描述
1	public BigInteger add (BigInteger val)	返回当前大整数对象与参数指定的大整数对象的和
2	public BigInteger subtract (BigInteger val)	返回当前大整数对象与参数指定的大整数对象的差
3	public BigInteger multiply (BigInteger val)	返回当前大整数对象与参数指定的大整数对象的积

续表

序号	方法名称	描述
4	public BigInteger divide (BigInteger val)	返回当前大整数对象与参数指定的大整数对象的商
5	public BigInteger remainder (BigInteger val)	返回当前大整数对象与参数指定的大整数对象的余
6	public int compareTo (BigInteger val)	返回当前大整数对象与参数指定的大整数的比较结果，返回值是1、－1或0，分别表示当前大整数对象大于、小于或等于参数指定的大整数
7	public BigInteger abs ()	返回当前大整数对象的绝对值
8	public BigInteger pow (int exponent)	返回当前大整数对象的 exponent 次幂
9	public String toString ()	返回当前大整数对象十进制的字符串表示
10	public String toString (int p)	返回当前大整数对象 p 进制的字符串表示

5.2.4 操作任务2——观察示例，理解 BigInteger 类的使用

```
public static void main (String [] args) {
  int array [] = new int [9];
  BigInteger sum = new BigInteger (String.valueOf (0));
  for (int i = 0; i<9; i++)
   {
  array [i] = i+1;
  sum = sum.add (plus (array [i]));
  System.out.print (i+1+"的阶乘是:");
  System.out.println (plus (array [i]));
  }
  System.out.println ("9个数阶乘的总和:" + sum); }
public static BigInteger plus (int x)
{
  BigInteger big = new BigInteger (String.valueOf (1));
  for (int i = 1; i<=x; i++)
   {
  BigInteger temp = new BigInteger (String.valueOf (i));
  big = big.multiply (temp);
  }
```

```
    return big;
}
```

5.3 学习 Runtime 类

5.3.1 阅读任务——Runtime 类

在 Java 中 Runtime 类表示运行时操作类，是一个封装了 JVM 进程的类，每一个 JVM 都对应着一个 Runtime 类的实例，此实例由 JVM 运行时为其实例化。在 JDK 文档中读者不会发现任何有关 Runtime 类中构造方法的定义，这是因为 Runtime 类本身的构造方法是私有化的，如果想取得一个 Runtime 实例，则只能通过以下方式：

```
Runtime run = Runtime.getRuntime ();
```

Runtime 类中提供了一个静态 getRuntime () 方法，此类可以取得 Runtime 类的实例，通过 Runtime 类取得一些系统的信息。Runtime 类的方法见表 5-3。

表 5-3 Runtime 类常用方法

序号	方法名称	描述
1	public static Runtime getRuntime ()	取得 Runtime 类的实例
2	public long freeMemory ()	返回 Java 虚拟机中的空闲内存量
3	public long maxMemory ()	返回 JVM 的最大内存量
4	public void gc ()	运行垃圾回收器，释放空间
5	public Process exec (String command)	throws IOException 执行本机命令

5.3.2 操作任务——观察示例，理解 Runtime 类的使用

```
import java.lang.Runtime;
public class RuntimeTest
{
    public static void main (String [] args)
     {
        Runtime rt = Runtime.getRuntime ();
        System.out.println ("处理器的数量:" + rt.availableProcessors ());
    }
}
```

5.4 学习 System 类

阅读任务——System 类

System 类是一些与系统相关的属性和方法的集合，在 System 类中所有的属性都是静态的，要想引用这些属性和方法，直接使用 System 类调用即可。常用的方法如下。

```
public static void exit (int status)
```

系统退出 ，如果 status 为 0 就表示退出。

```
public static void gc ()
```

运行垃圾收集机制，调用的是 Runtime 类中的 gc 方法。

```
public static long currentTimeMillis ()
```

返回以毫秒为单位的当前时间。

```
public static void arraycopy (Object src, int srcPos, Object dest, int desPos,
int length)
```

数组拷贝操作。

```
public static Properties getProperties ()
```

取得当前系统的全部属性。

```
public static String  getProperty (String key)
```

根据键值取得属性的具体内容。

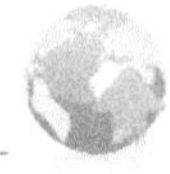

5.5 学习 Random 类

5.5.1 阅读任务——Random 类

Random 类是随机数产生类，可以指定一个随机数的范围，然后任意产生在此范围中的数字。Random 类的使用范例如下：生成 10 个随机数字，且数字不大于 100。

5.5.2 操作任务——观察示例，理解 Random 类的使用

建立文件 RandomDemo6 _ 6. java，完成以下程序，用三种格式输出时间。

```
import java. util. Random;
public class RandomDemo6 _ 6 {
  public static void main (String [] args) {
    Random rd = new Random ();
  for (int i = 0; i < 10; i+ +) {
      System. out. print (rd. nextInt (100)  + "  \ t");
    }
  }
}
```

运行程序，观察结果。程序运行结果（可能的结果）如图 5-2 所示。

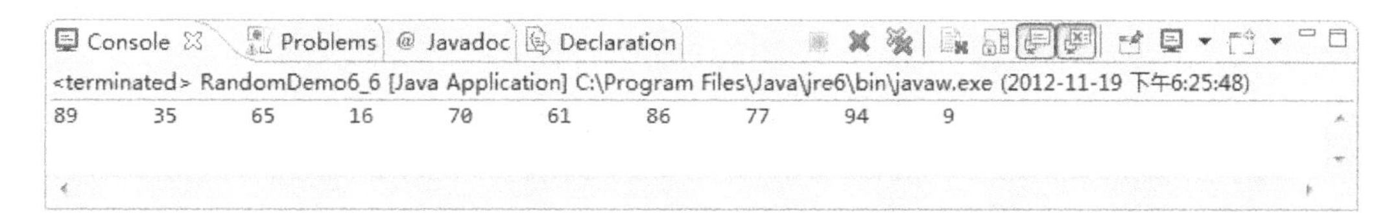

图 5-2 文件 RandomDemo6 _ 6. java 运行结果

本章小结

序号	总学习任务	阅读任务	操作任务
1	Date 类及 Calendar 类	Date 类	Date 类的使用
		Calendar 类	Calendar 类的使用
2	Math 类与 BigInteger 类	Math 类	Math 类的使用
		BigInteger 类	BigInteger 类的使用
3	Runtime 类	Runtime 类	Runtime 类的使用
4	System 类	System 类	
5	Random 类	Random 类	Random 类的使用

本章习题

1. 怎样实例化一个 Calendar 对象？
2. Calendar 对象调用 set（1949，9，1）设置的年、月、日分别是多少？
3. BigInteger 类的常用构造方法是什么？
4. 两个 BigInteger 对象怎样进行加法运算？

5. 简述如何取得 Runtime 类的实例。
6. Random 类有何作用?
7. 怎样得到一个 1～100 的随机数?

第6章

Java异常

▶ 本章导读

为使采用Java语言开发的软件系统具有高度的可靠性、稳定性和容错性，Java提供了完善的异常处理机制。本章将介绍异常的基本概念，异常类的基本结构，异常类以及自定义异常类的定义形式和处理方式。

6.1 学习异常的概念

6.1.1 阅读任务1——Java中对于“结构不佳”程序的运行

Java的基本理念是“结构不佳的代码不能运行”。发现错误的理想阶段是编译阶段，也就是在试图运行程序之前。然而，编译期间并不能找出所有的错误，余下的问题必须在运行期间解决。这就需要错误源能通过某种方式，把适当的信息传递给某个接收者，该接受者将指导如何正确处理这个问题。

6.1.2 阅读任务2——异常的概念

异常也称为例外，是在程序运行过程中发生的、会打断程序正常执行的事件。在程序设计时，必须考虑到可能发生的异常事件，并做出相应的处理，这样才能保证程序可以正常运行。

Java语言采用异常处理机制来处理程序中的错误，按照这种机制，将程序运行中的所有错误都看成是一种异常，通过对语句块的检测，一个程序中所有的异常被收集起来放在程序的某一段中处理。

Java的异常处理机制也秉承着面向对象的基本思想。在Java中，所有的异常都是以类的类型存在，除了内置的异常类之外，Java也可以自定义异常类。此外，Java的异常处理机制也允许自定义抛出异常。

6.2 学习Java中的异常类及其分类

6.2.1 阅读任务1——异常分类

导致异常的情况可能有多种，大致可分为以下几类。

1. 代码逻辑错误

用一个整数除以0，试图访问超过数组界限的数组元素，数组格式不正确，访问一个空对象等都可能会导致逻辑错误。

2. 用户输入错误

输入一个不存在的网址，要求输入一个数字，用户偏偏输入一个字母等都会导致用户输入错误。

3. 硬件设备错误

内存空间不够时要求分配内存，硬盘物理空间不够，打印机没纸了，机器没有装声卡、光驱、Modem 却要求访问它们，软驱坏了等等，这些都属于硬件错误。

6.2.2 阅读任务 2——异常类

在 Java 语言中，异常对象对应 Throwable 类以及该类的子类，Throwable 类包含有：java. lang. Error、java. lang. Exception。因此，Java 中的异常事件分为两大类。

一类继承于类 Error，通常包括虚拟机错误等，Java 程序通常不会捕获这类异常事件，也不会抛弃这个异常；另一种异常是 java. lang. Exception 类的子类，这类异常是 Java 程序中所要处理的。

Java 中的异常类层次如图 6-1 所示。

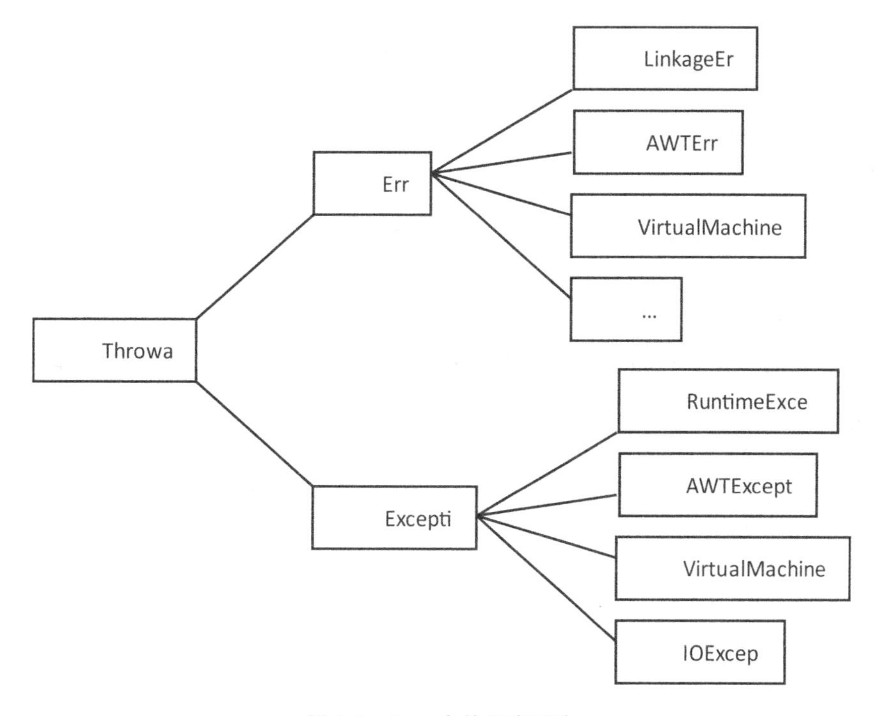

图 6-1 Java 中的异常层次

对于其中的 Exception 类的子类做如下说明。

1. 运行时异常（RuntimeException）

运行时异常是指 Runtime 及其子类所描述的异常，这类异常大都是由于程序设计不当而引起的错误，包括数组越界、除 0 等。由于这类异常事件的生成是非常普遍的，要求对这类异常做出处理可能会影响程序的可读性和高效性，Java 程序允许不对它们进行处理。常见的运行时异常类见表 6-1。

表 6-1 常见的运行时异常类

序号	方法名称	描述
1	ArithmeticException	算术异常类
2	ArrayIndexOutOfBoundsException	数组下标越界异常类

续表

序号	方法名称	描述
3	ArrayStoreException	将与数组类型不兼容的值赋给数组元素时抛出的异常
4	ClassCastException	类型强制转换异常类
5	ClassNotFoundExceptio	未找到相应类异常
6	EOFException	文件已结束异常类
7	FileNotFoundException	文件未找到异常类
8	IllegalAccessException	访问某类被拒绝时抛出的异常
9	InstantiationException	试图通过 newlnstance（）方法创建一个抽象类或抽象接口的实例时抛出的异常
10	IOException	输入输出异常类

2. 检查型异常（CheckedException）

Exception 的子类中除了运行时异常外，其余均为检查异常，也称为非运行时异常。它们是 Non－RuntimeException 类及其子类的实例化对象。这类异常是由 Java 编译器在编译时检查是否会发生在方法的执行过程中的异常。

若在程序中的方法执行过程中抛出检查型异常，则要求用户在程序中处理或继续抛出这些异常，Java 编译器会对用户程序是否处理了检查型异常进行检查，若未处理则不能通过编译。

Java 在其标准包 Java. lang、Java util、Java. io、Java. net 中定义的异常类都是检查型异常类，这些包中用到的主要类如下。

1）Java. lang

（1）ClassNotFoundException：指定名字的类或接口未找到。

（2）IllegalAccessException：试图访问在另一个包的类中的方法，而该方法未声明为 public。

（3）InstantiationException：试图创建抽象类或接口对象。

（4）InterruptedException：其他线程中断了当前线程时发生的异常。

2）Java. io

（1）IOException：请求的输入输出操作无法完成。以下几种异常类是其子类。

（2）EOFException：在输入操作结束前遇到了文件尾。

（3）FileNotFoundException：未找到指定的文件或目录引发的异常。

（4）InterruptedIOException：I/O 操作被中断。

（5）UTFDataFormatException：Unicode 文本格式的数据格式错误。

3）Java. net

（1）ProtocalException：网络协议执行错误。

（2）SocketException：有关 Socket 的操作无法正常完成。

（3）UnknownHostException：网络客户方指出的服务器地址有误。

（4）UnknownServiceException：网络连接不能支持请求服务。

6.3 学习 Java 异常处理机制

6.3.1 操作任务 1——输入文件 readme. txt 中的信息

步骤 1：输入流的建立

读入文件需要用到类 FileInputStream 来完成输入流的建立。

步骤 2：文件的报错处理

当访问文件时，可能出现访问的文件不存在的情况，因此需要有文件不存在的一个报错误处理，通过打印输出语句来完成就可以了。

```
System. out. println ("File Accessing") ;
```

步骤 3：完成程序

最终完成的程序如下：

```
import java. io. * ;
class Demo4 _ 1 {
  public static void main (String args [])     {
    FileInputStream streamObj = new FileInputStream ("readme. txt");
    System. out. println ("File Accessing");
  }
}
```

步骤 4：运行程序

这个程序的运行结果如图 6-2 所示。

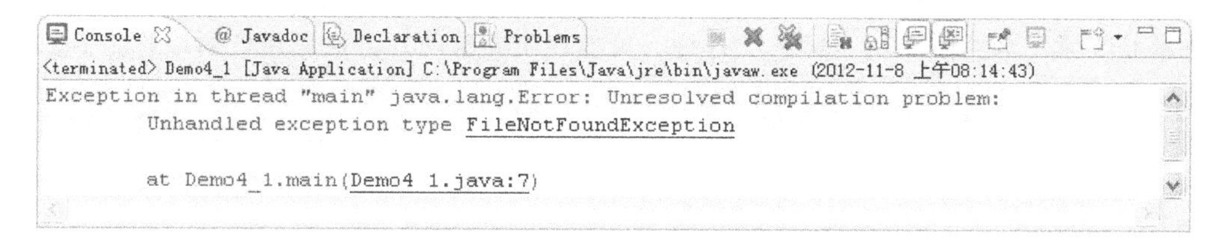

图 6-2 Demo4 _ 3 程序运行结果

步骤 5：修改程序

可以看到对于这个程序要求会发生以上的异常，因此可以将这个程序修改为

```
import java. io. * ;
class Demo4 _ 2 {
  public static void main (String args [])     {
    try {
```

```
        FileInputStream streamObj = new FileInputStream ("readme. txt");
      }
    catch (IOException e) {
      System. out. println ("File Accessing!");
    }
}
```

步骤 6：再次运行程序如图 6-3 所示。

这个程序再次运行的结果

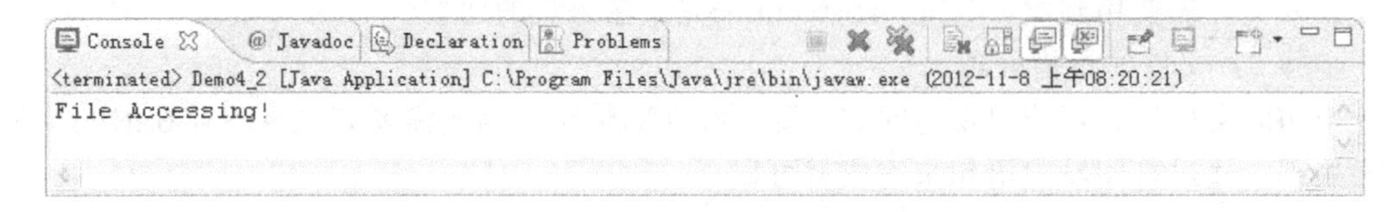

图 6-3 Demo4 _ 2 程序运行结果

由此可以看到这个程序中，需要有异常处理部分才能够完成程序的正常运行。

6.3.2 操作任务 2——完成一个能够检查非数字类型的变量转化成 Integer 类错误的程序

步骤 1：异常处理机制的实现

Java 中有两种异常处理机制：捕获处理异常和声明抛出异常。在 Java 中，与异常有关的关键字有 try、catch、throw、throws 和 finally。通过 try、catch、finally 关键字实现捕获处理异常，通过 throw、throws 关键字声明抛出异常。

步骤 2：异常的抛出

要想明白异常是如何捕获的，必须首先理解监控区域（guarded region）的概念。它是一段可能产生异常的代码，并且在后面跟着处理这些异常的代码。

如果在方法内部抛出了异常（或者在方法内部调用的其他方法抛出了异常），这个方法将在抛出异常的过程中结束。要是不希望方法就此结束，可以在方法内设置一个特殊的块来捕获异常。因为这个块“尝试”各种（可能产生异常的）方法调用，所以称为 try 块。它是跟在 try 关键字之后的普通程序块：

```
try {
//Code that might generate exceptions
}
```

对于不支持异常处理的程序语言，要想仔细检查错误，就得在每个方法调用的前后加上设置和错误检查的代码，甚至在每次调用同一个方法时也得这么做。有了异常处理机制，可以把所有动作都放在 try 块里，然后只需要在一个地方就可以捕获所有异常。这意味着代码将更容易编写和阅读，因为完成任务的代码没有与错误检查的代码混在一起。

步骤 3：异常的捕获

抛出的异常必须在某处得到处理，这个“地点”就是异常处理程序，也就是异常的捕获，而且针对每个要捕获的异常，得准备相应的处理程序。异常处理程序紧跟在 try 块之后，以关键字 catch 表示：

```
try {
//Code that might generate exceptions
}
catch (Type1 id1)
{
//Handle exceptions of Type1
}
catch (Type2 id2)
{
//Handle exceptions of Type2
}
//etc…
```

每个 catch 子句（异常处理程序）看起来就像是接收一个仅接收一个特殊类型的参数的方法。可以在处理程序的内部使用标识符（id1，id2 等），这与方法参数的使用很相似。有时可能用不到标识符，因为异常的类型已经给了足够的信息来对异常进行处理，但标识符并不可以省略。异常处理程序必须紧跟在 try 块之后，当异常被抛出时，异常处理机制将负责搜寻参数与异常类型相匹配的第一个处理程序。然后进入 catch 子句执行，此时认为异常得到了处理。一旦 catch 子句结束，则处理程序的查找过程结束。需要注意的是：只有匹配的 catch 子句才能得到执行。

步骤 4：实现异常完整的处理

异常的捕获是通过 try—catch—finally 语句来实现的，该语句的格式：

```
try
{…}
catch (ExceptiongType1 exceptionObject) {…}
catch (ExceptiongType2 exceptionObject) {…}
finally {…}
```

try {…} 代码块选定捕获异常的范围，程序执行过程中，try 代码块所限定的语句可能会生成异常对象并抛弃异常对象。catch 语句用于处理 try 代码块中所生成的异常对象，也就是说，在进行程序设计时，可以在 catch 语句中编写有关代码来处理可能出现的异常，而且 catch 语句可以是多个。如果有多种异常需要捕获，在安排 catch 语句的顺序时要注意，应该首先捕获最特殊的类，然后逐渐一般化。例如，IOException 类是 FileNotFoundException 类的父类，就应该首先捕获 FileNotFoundException 异常，然后捕获 IOException 异常。finally 语句为异常处理提供一个统一的出口，不管 try 代码块中是否发生异常事件，finally 块中的语句就会被执行。finally 语句不是必须的，也就是说捕获异常时可以没有 finally 语句。

步骤 5：完成程序

```
public class Demo4_3 {
```

```
public static void main (String args [ ]) {
int n = 0, m = 0, t = 0;
 try {
        t = 9999;
       m = Integer. parseInt ("8888");
      n = Integer. parseInt ("12s3a");       //发生异常，转向 catch。
       System. out. println ("我没有机会输出");
      }
catch (Exception e) {
       System. out. println ("发生异常");
       n = 123;
      }
   finally
{ System. out. println ("没有发生异常");}
 System. out. println ("n = " + n + ", m = " + m + ", t = " + t);
   }
}
}
```

步骤 6：运行程序

程序的运行结果如图 6-4 所示。

```
Console ⊠  @ Javadoc  Declaration  Problems
<terminated> Demo4_3 [Java Application] C:\Program Files\Java\jre\bin\javaw.exe (2012-11-8 上午08:28:47)
发生异常
没有发生异常
n=123,m=8888,t=9999
```

图 6-4 Demo4 _ 3 程序运行结果

 6.4 学习自定义异常

 6.4.1 阅读任务——自定义异常的概念

Java 的类库中定义了许多异常类，它们主要用来处理程序中一些常见的运行错误，这些错误是系统可以预见的。若程序中有特殊的要求，则可能出现系统识别不了的错误，这时需要用户自己创建自定义异常类，使系统能够识别这种错误并进行处理。

例如，我们开发一个统计河堤水位的软件，水位过高的时候，对程序本身只是一个比较大的数字而已，并不会引发 Java 类库中的异常，但对于现实中的情况，水位过高是一

个致命的异常。这时需要我们自己定义异常来提示水位过高。

用户可以通过继承 Exception 类来自定义异常，一般格式如下：

```
Class<自定义异常名>extends Exception {
...}
```

6.4.2 操作任务——用一个方法求偶正数的平方根，要自定义两个异常类，当向该方法传递的参数是奇数时，该方法发生 YourException 异常，当向该方法传递的参数是负数时发生 MyException

步骤 1：定义 MyException 类

自定义的异常类需要继承于 Exception 类：

```
class MyException extends Exception
```

步骤 2：自定义异常的抛出

在定义了一个异常类之后，如何在程序中抛出这种异常？抛出异常有下列两种方式。

1）在程序中直接抛出异常

在程序中抛出异常时，一定要用到 throw 这个关键字，其语法如下：

```
throw 异常类实例对象;
```

2）通过方法抛出异常

可以通过定义的方法指明在方法执行过程中所有可能发生的异常，以便让程序调用该方法时准备捕捉产生的异常。也就是说，如果方法会抛出异常，则可将处理此异常的 try－catch－fi－nally 块写在调用此方法的程序代码内。

如果要由方法抛出异常，则方法必须以下面的语法来声明：

```
访问控制修饰符    返回类型    方法名（[参数列表]）  throws  异常类名列表
{
    ……  //方法实现代码
    throw new（自定义异常类名）(    );
}
```

其中参数“访问控制修饰符”“返回类型”“方法名”“参数列表”的用法和前面学习过的方法定义的说明相同；“throws”是抛出异常的关键字；“异常类名列表”表示 Java 预定义的异常类或自定义的异常类名，若抛出多个异常，则异常类名之间用逗号隔开。throw 语句通常在方法中使用抛出异常。

一旦使用 throws 关键字抛出异常，那么，需要在调用此方法的程序中对所抛出的异常进行相应处理。

步骤 3：完成程序

```
class MyException extends Exception {
```

```
    String message;
    MyException () {
        message = "数字不是正数";
    }
    public String toString () {
        return message;
    }
}
class YourException extends Exception {
    String message;
    YourException () {
        message = "数字不是偶数";
    }
public String toString () {
        return message;
    }
}
class A {
    public void f (int n) throws MyException, YourException {
      if (n<0) {
          throw (new  MyException ());           //抛出异常，结束方法的执行。
        }
      if (n%2! =0) {
          throw (new  YourException ());         //抛出异常，结束方法的执行。
        }
      double number = Math. sqrt (n);
      System. out. println (number);
    }
}
public class Demo4_5 {
  public static void main (String args []) {
      A a = new A ();
     try {
          a. f (9);
        }
      catch (MyException e) {
            System. out. println (e. toString ());
        }
      catch (YourException e) {
            System. out. println (e. toString ());
```

```
            }
            try {
                a.f (-8);
            }
            catch (MyException e) {
                    System.out.println (e.toString ());
            }
            catch (YourException e) {
                    System.out.println (e.toString ());
            }
            try {
                a.f (16);
            }
            catch (MyException e) {
                    System.out.println (e.toString ());
            }
            catch (YourException e) {
                    System.out.println (e.toString ());
            }
        }
    }
```

步骤 4：运行程序

程序运行结果如图 6-5 所示。

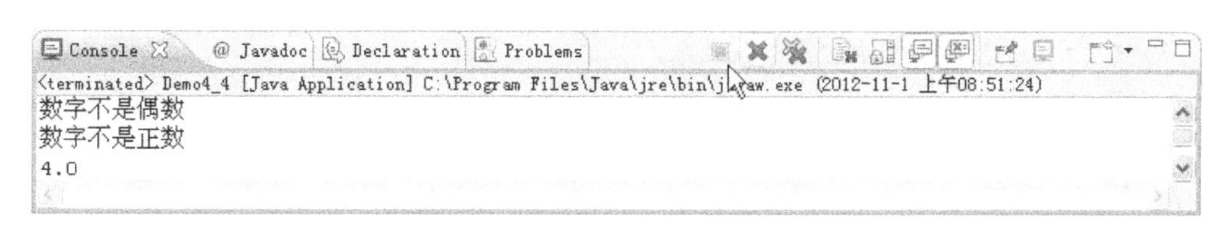

图 6-5 Demo4_4 程序运行结果

本章小结

序号	总学习任务	阅读任务	操作任务
1	异常的概念	Java 中对于“结构不佳”程序的运行	
		异常的概念	
2	Java 中的异常类及其分类	异常分类	
		异常类	

续表

序号	总学习任务	阅读任务	操作任务
3	Java异常处理机制		异常处理操作
4	自定义异常		自定义异常的处理

本章习题

1. 填空题

（1）catch 子句都带一个参数，该参数是某个异常的类及其变量名，catch 用该参数去与________出现异常________对象的类进行匹配。

（2）Java 虚拟机能自动处理________运行异常________异常。

（3）抛出异常的程序代码可以是________自定义的异常________或者是 JDK 中的某个类，还可以是 JVM。

（4）抛出异常、生成异常对象都可以通过________throws ________语句实现。

（5）Java 语言认为那些可预料和不可预料的出错称为________异常________。

2. 选择题

（1）Java 中用来抛出异常的关键字是（　　）。

A. try　　B. catch　　C. throw　　D. finally

（2）关于异常，下列说法正确的是（　　）。

A. 异常是一种对象

B. 一旦程序运行，异常将被创建

C. 为了保证程序运行速度，要尽量避免异常控制

D. 以上说法都不对

（3）（　　）类是所有异常类的父类。

A. Throwable　　B. Error　　C. Exception　　D. AWTError

（4）Java 语言中，下列哪一子句是异常处理的出口（　　）。

A. try {…} 子句　　B. catch {…} 子句

C. finally {…} 子句　　D. 以上说法都不对

（5）在异常处理中，如释放资源、关闭文件、关闭数据库等由（　　）来完成。

A. try 子句　　B. catch 子句　　C. finally 子句　　D. throw 子句

3. 问答题

（1）简述 try 块、catch 块、finally 块的运行机制。

（2）简述如何捕获异常。

4. 上机练习

创建 Computer 类。该类中有一个就是两个数的最大公约数的方法，如果向该方法传递负整数，该方法就会抛出自定义异常。

第7章

Java集合框架

▶ 本章导读

Java 集合框架为程序员提供了一个良好的应用程序接口，将多个元素组成一个单元的对象，它们定义了可以完成各种类型集合的操作。

7.1 了解集合

7.1.1 阅读任务1——集合论引述

集合由一组类型相同或不同的对象组成，由于这些对象有一些“相似”的用途，故把它们放在一起。集合可动态改变其大小，可在序列中存储不同类型的数据。集合大致分为如下三种。

（1）列表（ List）：List 集合区分元素的顺序，允许包含相同的元素。

（2）集（Set）：Set 集合不区分元素的顺序，不允许包含相同的元素。

（3）映射（Map）：Map 集合保存的“键”—“值”对“键”不能重复．而且一个“键”只能对应一个“值”。

7.1.2 阅读任务2——集合框架

集合框架是为表示和操作集合而规定的一种统一的标准的体系结构。任何集合框架都包含三大块内容：对外的接口、接口的实现和对集合运算的算法。

（1）接口：即表示集合的抽象数据类型。接口提供了让我们对集合中所表示的内容进行单独操作的可能。

（2）实现：也就是集合框架中接口的具体实现。实际它们就是那些可复用的数据结构。

（3）算法：在一个实现了某个集合框架中的接口的对象身上完成某种有用的计算的方法，例如查找、排序等。这些算法通常是多态的，因为相同的方法可以在同一个接口被多个类实现时有不同的表现。事实上，算法是可复用的函数。如果学过 C＋＋，那对 C＋＋中的标准模版库（STL）应该不陌生，它是众所周知的集合框架的绝好例子。

Java 集合框架即 Java Collections Framework（JCF），提供了处理一组对象标准而高效的解决方案。严格地说，Java 集合框架出现在 Java 1.2 之后，它包含了设计精巧的数据结构和算法，这样便于开发者将主要精力放在业务功能实现上，从而减少底层设计的时间。此处主要介绍 Java 集合框架中常用的接口和接口实现。Java 的集合框架如图 7-1 所示。

在此图中包括有以下信息。

（1）集合接口：6 个接口（短虚线表示），表示不同集合类型，是集合框架的基础。

（2）抽象类：5 个抽象类（长虚线表示），对集合接口的部分实现，可扩展为自定义集合类。

（3）实现类：8 个实现类（实线表示），对接口的具体实现。

在很大程度上，一旦理解了接口，就理解了框架。虽然程序员总要创建接口特定的实现，但访问实际集合的方法应该限制在接口方法的使用上；因此，允许更改基本的数据结构而不必改变其他代码。

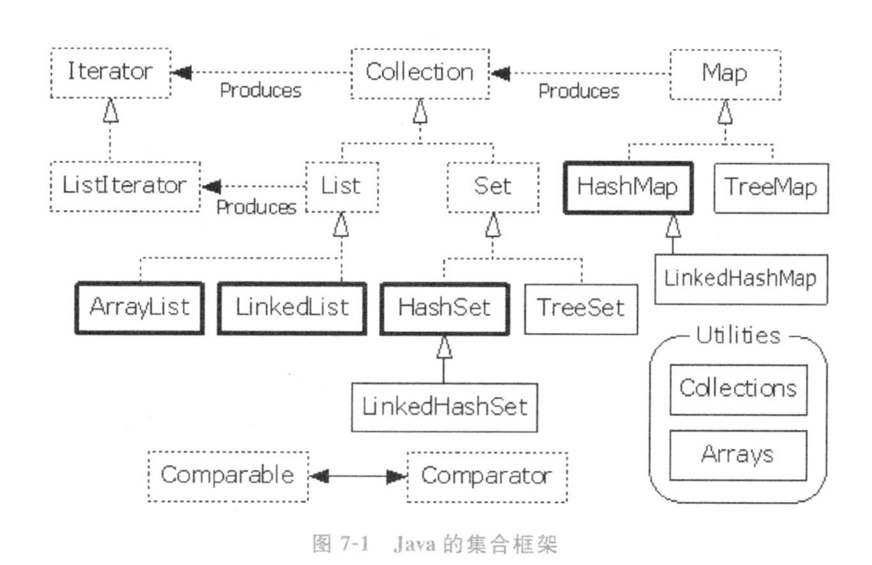

图 7-1 Java 的集合框架

7.2 学习常用集合接口

7.2.1 阅读任务 1——Collection 接口

Collection 接口用于表示任何对象或元素组。想要尽可能以常规方式处理一组元素时，就使用这一接口。Collection 接口的声明如下：

```
public interface Collection
```

Collection 接口是整个 Java 集合框架中的基石。它定义了集合框架中一些最基本的方法。在某种意义上可以把 Collection 看成动态的数组，一个对象的容器。通常把放入 Collection 中的对象称为元素。Collection 接口的方法见表 7-1。

表 7-1 Collection 接口的方法

序号	方法名称	描述
1	public boolean add（Object o）	将对象添加给集合
2	public boolean remove（Object o）	如果集合中有与 o 相匹配的对象，则删除对象 o
3	public int size（）	返回当前集合中元素的数量
4	public boolean isEmpty（）	判断集合中是否有任何元素
5	public boolean contains（Object o）	查找集合中是否含有对象 o
6	public Iterator iterator（）	返回一个迭代器，用来访问集合中的各个元素

续表

序号	方法名称	描述
7	Public boolean containsAll (Collection c)	查找集合中是否含有集合 c 中所有元素
8	public boolean addAll (Collection c)	将集合 c 中所有元素添加给该集合
9	public void clear ()	删除集合中所有元素
10	public void removeAll (Collection c)	从集合中删除集合 c 中的所有元素
11	public void retainAll (Collection c)	从集合中删除集合 c 中不包含的元素
12	public Object [] toArray ()	返回一个内含集合所有元素的 array。运行期返回的 array 和参数 a 的型别相同，需要转换为正确型别
13	public Object [] toArray (Object [] a)	返回一个内含集合所有元素的 array

需要注意的是：还可以把集合转换成其他对象数组。但是，不能直接把集合转换成基本数据类型的数组，因为集合必须持有对象。Collection 不提供 get () 方法。如果要遍历 Collectin 中的元素，就必须用 Iterator。

7.2.2 阅读任务 2——List 接口

List 接口为列表类型，列表的主要特征是以线性方式存储对象。List 接口的声明如下：

```
public interface List extends Collection
```

List 包括 List 接口以及 List 接口的所有实现类。因为 List 接口实现了 Collection 接口，所以，List 接口拥有 Collection 接口提供的所有常用方法；又因为 List 是列表类型，所以，List 接口还提供了一些适合于自身的常用方法，见表 7-2。

表 7-2 List 接口定义的常用方法及功能

序号	方法名称	描述
1	add (int index, Object obj)	用来向集合的指定索引位置添加对象，其他对象的索引位置相对后移一位。索引位置从 0 开始
2	addAll (int, Collection coll)	用来向集合的指定索引位置添加指定集合中的所有对象
3	remove (int index)	用来清除集合中指定索引位置的对象
4	set (int index, Object obj)	用来将集合中指定索引位置的对象修改为指定的对象
5	get (int index)	用来获得指定索引位置的对象
6	indexOf (Object obj)	用来获得指定对象的索引位置。当存在多个时，返回第一个的索引位置；当不存在时，返回－1

续表

序号	方法名称	描述
7	lastIndexOf（Object obj)	用来获得指定对象的索引位置。当存在多个时，返回最后一个的索引位置；当不存在时，返回−1
8	listIterator（）	用来获得一个包含所有对象的 ListIterator 型实例
9	listIterator（int index)	用来获得一个包含从指定索引位置到最后的 ListIterator 型实例
10	subList（int fromIndex，int toIndex)	通过截取从起始索引位置 fromIndex（包含）到终止索引位置 toIndex

7.2.3 阅读任务3——Set 接口

Set 接口继承 Collection 接口，而且它不允许集合中存在重复项，每个具体的 Set 实现类依赖添加的对象的 equals（）方法来检查独一性。Set 接口没有引入新方法，所以 Set 就是一个 Collection，只不过其行为不同。Set 接口的方法如图 7-1 所示。

Set
+add(element : Object) : boolean +addAll(collection : Collection) : boolean +clear() : void +contains(element : Object) : boolean +containsAll(collection : Collection) : boolean +equals(object : Object) : boolean +hashCode() : int +iterator() : Iterator +remove(element : Object) : boolean +removeAll(collection : Collection) : boolean +retainAll(collection : Collection) : boolean +size() : int +toArray() : Object[] +toArray(array : Object[]) : Object[]

图 7-1 Set 接口中的方法

7.1.4 阅读任务4——Map 接口

Map 接口中键和值一一映射。可以通过键来获取值。给定一个键和一个值，可以将该值存储在一个 Map 对象中。之后，可以通过键来访问对应的值。

当访问的值不存在的时候，方法就会抛出一个 NoSuchElementException 异常。

当对象的类型和 Map 里元素类型不兼容的时候，就会抛出一个 ClassCastException 异常。

当在不允许使用 Null 对象的 Map 中使用 Null 对象，会抛出一个 NullPointerException 异常。

当尝试修改一个只读的 Map 时，会抛出一个 UnsupportedOperationException 异常。

Map 接口的方法见表 7-3。

表 7-3 Map 接口的方法

序号	方法名称	描述
1	void clear ( )	从此映射中移除所有映射关系（可选操作）
2	boolean containsKey (Object k)	如果此映射包含指定键的映射关系，则返回 true
3	Boolean containsValue (Object v)	如果此映射将一个或多个键映射到指定值，则返回 true
4	Set entrySet ( )	返回此映射中包含的映射关系的 Set 视图
5	boolean equals (Object obj)	比较指定的对象与此映射是否相等
6	Object get (Object k)	返回指定键所映射的值；如果此映射不包含该键的映射关系，则返回 null
7	int hashCode ( )	返回此映射的哈希码值
8	boolean isEmpty ( )	如果此映射未包含键一值映射关系，则返回 true
9	Set keySet ( )	返回此映射中包含的键的 Set 视图
10	Object put (Object k, Object v)	将指定的值与此映射中的指定键关联（可选操作）
11	void putAll (Map m)	从指定映射中将所有映射关系复制到此映射中（可选操作）
12	Object remove (Object k)	如果存在一个键的映射关系，则将其从此映射中移除（可选操作）
13	int size ( )	返回此映射中的键一值映射关系数
14	Collection values ( )	返回此映射中包含的值的 Collection 视图

7.2.5 阅读任务 5——Map. Entry 接口

Map. Entry 接口的声明如下：

```
public static interface Map. Entry
```

Map 的 entrySet () 方法返回一个实现 Map. Entry 接口的对象集合。集合中每个对象都是底层 Map 中一个特定的键—值对。Map 接口的方法如图 7-2 所示。

Map.Entry
+equals(object : Object) : boolean +getKey() : Object +getValue() : Object +hashCode() : int +setValue(value : Object) : Object

图 7-2 Map. Entry 接口中的方法

通过这个集合的迭代器，可以获得每一个条目（唯一获取方式）的键或值并对值进行更改。当条目通过迭代器返回后，除非是迭代器自身的 remove () 方法或者迭代器返回的条目的 setValue () 方法，其余对源 Map 外部的修改都会导致此条目集变得无效，同时产生条目行为未定义。Map. Entry 接口的方法如下：

(1) public Object getKey ()：返回映像的关键字。

(2) public Object getValue ()：返回映像的值。

(3) public Object setValue (Object value)：设置映像的值。

7.2.6 阅读任务6——Iterator 接口

Iterator 接口的声明如下：

```
public interface Iterator
```

Collection 接口的 iterator () 方法返回一个 Iterator。Iterator 接口方法能以迭代方式逐个访问集合中各个元素，并安全的从 Collection 中除去适当的元素。

(1) public boolean hasNext ()：判断是否存在另一个可访问的元素。

(2) Object next ()：返回要访问的下一个元素。如果到达集合结尾，则抛出 NoSuchElementException 异常。

(3) void remove ()：删除上次访问返回的对象。本方法必须紧跟在一个元素的访问后执行。如果上次访问后集合已被修改，方法将抛出 IllegalStateException。

Iterator 中删除操作对底层 Collection 也有影响。其中用到迭代器是故障快速修复(fail—fast) 的。这意味着，当另一个线程修改底层集合的时候，如果正在用 Iterator 遍历集合。那么，Iterator 就会抛出 ConcurrentModificationException（另一种 RuntimeException 异常）异常并立刻失败。

7.2.7 阅读任务7——ListIterator 接口

ListIterator 接口的声明如下：

```
public interface ListIterator extends Iterator
```

ListIterator 接口继承 Iterator 接口以支持添加或更改底层集合中的元素，还支持双向访问。ListIterator 没有当前位置，光标位于调用 previous 和 next 方法返回的值之间。如图 7-3 所示为一个长度为 n 的列表，有 $n+1$ 个有效索引值：

```
          Element(0)   Element(1)   Element(2)   ... Element(n)
         ^            ^            ^            ^               ^
Index:   0            1            2            3               n+1
```

图 7-3 长度为 n 的列表

(1) public void add (Object o)：将对象 o 添加到当前位置的前面。

(2) public void set (Object o)：用对象 o 替代 next 或 previous 方法访问的上一个元素。如果上次调用后列表结构被修改了，那么将抛出 IllegalStateException 异常。

(3) public boolean hasPrevious ()：判断向后迭代时是否有元素可访问。

(4) public Object previous ()：返回上一个对象。

(5) public int nextIndex ()：返回下次调用 next 方法时将返回的元素的索引。

(6) public int previousIndex ()：返回下次调用 previous 方法时将返回的元素的索引。

需要说明的是：正常情况下，不用 ListIterator 改变某次遍历集合元素的方向向前或者向后。虽然在技术上可以实现，但 previous () 后立刻调用 next ()，返回的是同一个元素。把调用 next () 和 previous () 的顺序颠倒一下，结果相同。

其中的 add () 操作。添加一个元素会导致新元素立刻被添加到隐式光标的前面。因此，添加元素后调用 previous () 会返回新元素，而调用 next () 则不起作用，返回添加操作之前的下一个元素。

7.3 学习常用集合类

7.3.1 阅读任务 1——ArrayList 类

ArrayList 类的声明如下：

```
public class ArrayList extends AbstractList implements List, RandomAccess,
Cloneable, Serializable
```

ArrayList 类实现了 List 接口，由 ArrayList 类实现的 List 集合采用数组结构保存对象。数组结构的优点是便于对集合进行快速的随机访问，如果经常需要根据索引位置访问集合中的对象，使用由 ArrayList 类实现的 List 集合的效率较好。数组结构的缺点是向指定索引位置插入对象和删除指定索引位置对象的速度较慢。如果经常需要向 List 集合的指定索引位置插入对象，或者是删除 List 集合指定索引位置的对象，使用由 ArrayList 类实现的 List 集合的效率较低。并且插入或删除对象的索引位置越小，效率越低，原因是当向指定的索引位置插入对象时，会同时将指定索引位置及之后的所有对象相应地向后移动一位。当删除指定索引位置的对象时，会同时将指定索引位置之后的所有对象相应地向前移动一位。如果在指定的索引位置之后有大量的对象，将严重影响对集合的操作效率。

ArrayList 类的构造方法如下：

```
public ArrayList ()
public ArrayList (Collection c)
public ArrayList (int initialCapacity)
```

可以看到：此处的构造方法有两种，一种是带参数的，另一种是不带参数的。如果在生成 ArrayList 对象的时候没有采用带参数的构造函数，那么 Java 就会自动默认生成一个容量为 10 的集合。

ArrayList 类的主要方法见表 7-4。

表 7-4 ArrayList 类的主要方法

序号	方法名称	描述
1	public void add (int index，Object element)	在指定位置 index 上添加元素 element
2	public boolean add (Object o)	删除 ArrayList 中所有元素
3	public boolean addAll (Collection c)	将集合 c 中所有元素添加到 ArrayList 的最后
4	public boolean addAll (int index，Collection c)	将集合 c 的所有元素添加到 ArrayList 指定位置 index 的后面
5	public void clear ()	将对象添加到 ArrayList 的最后
6	public Object clone ()	克隆 ArrayList 对象
7	public boolean contains (Object elem)	查找 ArrayList 中是否含有对象 elem
8	public void ensureCapacity (int minCapacity)	将 ArrayList 对象容量增加 minCapacity
9	public Object get (int index)	返回 ArrayList 中指定位置的元素
10	public int indexOf (Object elem)	返回第一个出现元素 elem 的位置，否则返回－1

7.3.2 操作任务 1——通过 ArrayList 完成数据的管理

步骤 1：完成程序

```
import java.util.ArrayList;
import java.util.Iterator;
public class Demo11 _ 1 {
public static void main (String [] args) {
ArrayList list1 = new ArrayList ();
list1.add ("One");
list1.add ("Two");
list1.add ("Three");
list1.add (0, "Zero");
System.out.println ("<-----list1 中共有" + list1.size () +"个元素>");
System.out.println ("<--list1 中的内容:" + list1 + "-->");
ArrayList list2 = new ArrayList ();
list2.add ("Begin");
list2.addAll (list1);
list2.add ("End");
System.out.println ("<-----list2 中共有" + list2.size () + "个元素>");
System.out.println ("<--list2 中的内容:" + list2 + "-->");
ArrayList list3 = new ArrayList (list2);
```

```
list3.removeAll (list1);
System.out.println ("<--list3 中是否存在 One:" + (list3.contains ("one") ?
"是" : "否") + "-->");
list3.add (1, "same element");
list3.add (2, "same element");
System.out.println ("<----list3 中共有" + list3.size () + "个元素>");
System.out.println ("<--list3 中的内容:" + list3 + "-->");
System.out.println ("<--list3 中第一次出现 same element 的索引是" +
list3.indexOf ("same element") + "-->");
System.out.println ("<--list3 中最后一次出现 same element 的索引是" +
list3.lastIndexOf ("same element") + "-->");
System.out.println ("<--使用 Iterator 接口访问 list3-->");
Iterator it = list3.iterator ();
while (it.hasNext ()) {
String str = (String) it.next ();
System.out.println ("<--list3 中的元素:" + str + "-->");
}
System.out.println ("<--将 list3 中的 same element 修改为 another element--
>");
list3.set (1, "another element");
list3.set (2, "another element");
System.out.println ("<--将 list3 转为数组-->");
Object [] array = list3.toArray ();
for (int i = 0; i < array.length; i++) {
String str = (String) array [i];
System.out.println ("array [" + i + "] =" + str);
}
System.out.println ("<--清空 list3-->");
list3.clear ();
System.out.println ("<--list3 中是否为空:" + (list3.isEmpty () ? "是" : "
否") + "-->");
System.out.println ("<----list3 中共有" + list3.size () + "个元素>");
}
}
```

步骤 2：运行程序

程序的运行结果如图 7-4 所示。

```
Console ⊠  @ Javadoc  Declaration  Problems
<terminated> Demo11_1 [Java Application] C:\Program Files\Java\jre\bin\javaw.exe (2012-11-2 下午01:55:05)
<----list1中共有4个元素>
<--list1中的内容: [Zero, One, Two, Three]-->
<----list2中共有6个元素>
<--list2中的内容: [Begin, Zero, One, Two, Three, End]-->
<--list3中是否存在One: 否-->
<----list3中共有4个元素>
<--list3中的内容: [Begin, same element, same element, End]-->
<--list3中第一次出现same element的索引是1-->
<--list3中最后一次出现same element的索引是2-->
<--使用Iterator接口访问list3-->
<--list3中的元素: Begin-->
<--list3中的元素: same element-->
<--list3中的元素: same element-->
<--list3中的元素: End-->
<--将list3中的same element 修改为another element-->
<--将list3转为数组-->
array[0]=Begin
array[1]=another element
array[2]=another element
array[3]=End
<--清空list3-->
<--list3中是否为空: 是-->
<----list3中共有0个元素>
```

图 7-4 程序的运行结果

7.3.3 阅读任务 2——LinkedList 类

LinkedList 类实现了 List 接口，由 LinkedList 类实现的 List 集合采用链表结构保存对象。链表结构的优点是便于向集合中插入和删除对象，如果经常需要向集合中插入对象，或者从集合中删除对象，使用由 LinkedList 类实现的 List 集合的效率较好。链表结构的缺点是随机访问对象的速度较慢，如果经常需要随机访问集合中的对象，使用由 LinkedList 类实现的 List 集合的效率则较低。由 LinkedList 类实现的 List 集合便于插入和删除对象的原因是当插入和删除对象时，只需要简单地修改链接位置。

LinkedList 类的声明如下：

```
    public class LinkedList extends AbstractSequentialList implements List,
Cloneable, Serializable
```

LinkedList 类是 List 接口的另一个重要的实现类。它的底层实现是链表，所以便于将新加入的对象插入指定位置。LinkedList 类的构造方法如下：

```
public LinkedList ();
public LinkedList (Collection c);
```

LinkedList 类还根据采用链表结构保存对象的特点，提供了几个专有的操作集合的方法。

(1) addFirst (E obj)：将指定对象插入到列表的开头。

(2) addLast (E obj)：将指定对象插入到列表的结尾。

(3) getFirst ()：获得列表开头的对象。

(4) getLast ()：获得列表结尾的对象。

(5) removeFirst ()：移除列表开头的对象。

(6) removeLast ()：移除列表结尾的对象。

7.3.4 操作任务2——使用LinkedList完成数据的管理

步骤1：完成程序

```
import java.util.LinkedList;
import java.util.ListIterator;
public class Demo11_2 {
public static void main (String [] args) {
LinkedList list = new LinkedList ();
list.add ("One");
list.add ("Two");
list.add ("Three");
System.out.println ("<--list中共有" + list.size () +"个元素-->");
System.out.println ("<--list中的内容:" + list + "-->");
String first = (String) list.getFirst ();
String last = (String) list.getLast ();
System.out.println ("<--list的第一个元素是" + first +"-->");
System.out.println ("<--list的最后一个元素是" + last + "-->");
list.addFirst ("Begin");
list.addLast ("End");
System.out.println ("<--list中共有" + list.size () + "个元素-->");
System.out.println ("<--list中的内容:" + list + "-->");
System.out.println ("<--使用ListIterator接口操作ist-->");
ListIterator lit = list.listIterator ();
System.out.println ("<--下一个索引是" + lit.nextIndex () + "-->");
lit.next ();
lit.add ("Zero");
lit.previous ();
lit.previous ();
System.out.println ("<--上一个索引是" + lit.previousIndex () + "-->");
lit.set (" Start");
System.out.println ("<--list中的内容:" + list + "-->");
System.out.println ("<--删除list中的Zero-->");
lit.next ();
lit.next ();
lit.remove ();
System.out.println ("<--list中的内容:" + list + "-->");
System.out.println ("<--删除list中第一个和最后一个元素-->");
```

```
list.removeFirst ();
list.removeLast ();
System.out.println ("<--list 中共有" + list.size () + "个元素-->");
System.out.println ("<--list 中的内容:" + list + "-->");
}
}
```

步骤 2：运行程序

程序的运行结果如图 7-5 所示。

```
Console ⊠  @ Javadoc  Declaration  Problems
<terminated> Demo11_2 [Java Application] C:\Program Files\Java\jre\bin\javaw.exe (2012-11-2 下午01:51:35)
<--list中共有3个元素-->
<--list中的内容: [One, Two, Three]-->
<--list的第一个元素是One-->
<--list的最后一个元素是Three-->
<--list中共有5个元素-->
<--list中的内容: [Begin, One, Two, Three, End]-->
<--使用ListIterator接口操作ist-->
<--下一个索引是0-->
<--上一个索引是-1-->
<--list中的内容: [Start, Zero, One, Two, Three, End]-->
<--删除list中的Zero-->
<--list中的内容: [Start, One, Two, Three, End]-->
<--删除list中第一个和最后一个元素-->
<--list中共有3个元素-->
<--list中的内容: [One, Two, Three]-->
```

图 7-5 程序的运行结果

 7.3.5 阅读任务 3——HashSet 类

HashSet 类的声明如下：

```
public class HashSet extends AbstractSet implements Set, Cloneable, Serializable
```

HashSet 是一个没有重复元素的集合。它是由 HashMap 实现的，不保证元素的顺序，而且 HashSet 允许使用 null 元素。HashSet 是非同步的。如果多个线程（线程将在第 8 章讲解）同时访问一个哈希 set，而其中至少一个线程修改了该 set，那么它必须保持外部同步。这通常是通过对自然封装该 set 的对象执行同步操作来完成的。如果不存在这样的对象，则应该使用 Collections.synchronizedSet 方法来“包装”set。最好在创建时完成这一操作，以防止对该 set 进行意外的不同步访问。

HashSet 类的构造方法如下：

（1）HashSet () 构造一个新的空 set，其底层 HashMap 实例的默认初始容量是 16，加载因子是 0.75。

（2）HashSet (Collection<? extends E> c) 构造一个包含指定 collection 中的元素的新 set。

（3）HashSet (int initialCapacity) 构造一个新的空 set，其底层 HashMap 实例具有指定的初始容量和默认的加载因子（0.75）。

(4) HashSet (int initialCapacity, float loadFactor) 构造一个新的空 set，其底层 HashMap 实例具有指定的初始容量和指定的加载因子。

HashSet 是 Set 接口实现类中最常用的一个。它通过 Hash 算法进行存储，所以 HashSet 具有快速定位元素的特点。HashSet 类的主要方法如下。

(1) boolean add (E e)：如果此 set 中尚未包含指定元素，则添加指定元素。

(2) void clear ()：从此 set 中移除所有元素。

(3) Object clone ()：返回此 HashSet 实例的浅表副本，并没有复制这些元素本身。

(4) boolean contains (Object o)：如果此 set 包含指定元素，则返回 true。

(5) boolean isEmpty ()：如果此 set 不包含任何元素，则返回 true。

(6) Iterator<E> iterator ()：返回对此 set 中元素进行迭代的迭代器。

(7) boolean remove (Object o)：如果指定元素存在于此 set 中，则将其移除。

(8) int size ()：返回此 set 中的元素的数量 (set 的容量)。

7.3.6 操作任务3——使用 Hash 类完成数据的管理

步骤 1：完成程序

```
import java.util.HashSet;
public class Demo11_3 {
public static void main (String [] args) {
HashSet set1 = new HashSet ();
set1.add ("One");
set1.add ("Two");
set1.add ("Three");
set1.add ("Zero");
set1.add ("One");
System.out.println ("<--set1 中的内容:" + set1 + "-->");
HashSet set2 = new HashSet ();
set2.add ("Zero");
set2.add ("Four");
System.out.println ("<--set2 中的内容:" + set2 + "-->");
System.out.println ("<--从 set1 中删除 set2 中包含的元素-->");
set1.removeAll (set2);
System.out.println ("<--set1 中的内容:" + set1 + "-->");
System.out.println ("<--set1 中是否存在 One:" + (set1.contains ("One") ?
"是" : "否") + "-->");
System.out.println ("<--清空 set1-->");
set1.clear ();
System.out.println ("<--set1 中是否为空:" + (set1.isEmpty () ?"是" : "否")
+ "-->");
System.out.println ("<----set1 中共有" + set1.size () + "个元素>");
```

```
    }
}
```

步骤 2：运行程序

程序的运行结果如图 7-6 所示。

```
Console ⊠  @ Javadoc  Declaration  Problems
<terminated> Demo11_3 [Java Application] C:\Program Files\Java\jre\bin\javaw.exe (2012-11-3 下午09:20:09)
<--set1中的内容: [Zero, Three, One, Two]-->
<--set2中的内容: [Zero, Four]-->
<--从set1中删除set2中包含的元素-->
<--set1中的内容: [Three, One, Two]-->
<--set1中是否存在One: 是-->
<--清空set1-->
<--set1中是否为空: 是-->
<----set1中共有0个元素>
```

图 7-6 程序的运行结果

 7.3.7 阅读任务 4——HashMap 类和 TreeMap 类

集合框架提供两种常规的 Map 实现：HashMap 和 TreeMap（TreeMap 实现 SortedMap 接口）。在 Map 中插入、删除和定位元素，HashMap 是最好的选择。但如果要按自然顺序或自定义顺序遍历键，那么 TreeMap 会更好。使用 HashMap 要求添加的键类明确定义了 hashCode () 和 equals () 的实现。这个 TreeMap 没有调优选项，因为该树总处于平衡状态。为了优化 HashMap 空间的使用，可以调优初始容量和负载因子。

1. HashMap 类的声明

HashMap 类的声明如下：

```
public class HashMap extends AbstractMap implements Map, Cloneable, Serializable
```

HashMap 是 Map 接口的重要实现类，在 Java 程序设计中经常用到。HashMap 也采用 Hash 算法，所以可以快速定位关键字对象。

2. HashMap 类的构造

HashMap 类的构造方法如下。

(1) HashMap ()：构建一个空的哈希映像。

(2) HashMap (Map m)：构建一个哈希映像，并且添加映像 m 的所有映射。

(3) HashMap (int initialCapacity)：构建一个拥有特定容量的空的哈希映像。

(4) HashMap (int initialCapacity, float loadFactor)：构建一个拥有特定容量和加载因子的空的哈希映像。

3. HashMap 类的主要方法

HashMap 类的主要方法如下。

(1) public void clear ()：删除 HashMap 中所有元素。

(2) public Object clone ()：克隆 HashMap 对象。

(3) public boolean containsKey (Object key)；判断映像中是否存在关键字 key。

（4）public boolean containsValue（Object value）：判断映像中是否存在值 value。

4. TreeMap 类

TreeMap 类没有调优选项，因为该树总处于平衡状态，TreeMap 类的构造方法如下：

（1）TreeMap（）：构建一个空的映像树。

（2）TreeMap（Map m）：构建一个映像树，并且添加映像 m 中所有元素。

（3）TreeMap（Comparator c）：构建一个映像树，并且使用特定的比较器对关键字进行排序。

（4）TreeMap（SortedMap s）：构建一个映像树，添加映像树 s 中所有映射，并且使用与有序映像 s 相同的比较器排序。

7.3.8 操作任务4——使用 HashMap 类完成数据的管理

```
import j ava. util. HashMap;
import java. util. Iterator;
import java. util. Map;
public class Ex4 _ 10 {
    public static void main (String [] args) {
    HashMap<String, String> hm = new HashMap<String, String> ();
    hm. put ("1001","Danney");      //添加元素
    hm. put ("1002","Emma");      //添加元素
    hm. put ("1003","Mike");      //添加元素
    System. out. println (hm. size ()》;      //输出 HashMap 大小
    hm. remove ("1002");      //移除 HashMap 中键值为
     “1002” 的元素
    System. out. println (hm. containsKey ("1002"));   //是否包含 Key
    System. out. println (hm. containsValue ("Mike"));
    System. out. println (hm. get ( "1001"));      /厂根据 Key 获取 Value
    //遍历输出 HashMap 中的元素
    Iterator iter = hm. entrySet () . iterator ();
    while ( iter. hasNext ()) {
    Map. Entry entry =   (Map. Entry)   iter. next ();
    System. out. println ( entry. getKey ());
    System. out. println ( entry. getValue ());
    }
    }
}
```

程序的运行结果如下：

```
3
false
```

```
true
Danney
1003
Mike
1001
Danney
```

本章小结

序号	总学习任务	阅读任务	操作任务
1	集合	集合论引述	
		集合	
		集合框架	
2	常用集合接口	Collection 接口	
		List 接口	
		Set 接口	
		Map 接口	
		Map. Entry 接口	
		Iterator 接口	
		ListIterator 接口	
3	常用集合类	ArrayList 类	通过 ArrayList 完成数据的管理
		LinkedList 类	使用 LinkedList 完成数据的管理
		HashSet 类	使用 Hash 类完成数据的管理
		HashMapHashMap 类和 TreeMap 类	使用 HashMap 类完成数据的管理

本章习题

1. 填空题

(1) ArrayList 类通过________方法获得迭代器，从而对所有元素进行。

(2) Map 接口通过________方法返回 Map. Entry 对象的视图集，即映像中的关键字/值对。

(3) ArrayList 类通过________方法增加容量。

(4) ArrayList 类通过________方法设置其容量为列表当前大小。

(5) HashMap 类通过________方法返回映像中所有值的视图集。

2. 选择题

(1) 单列集合的顶层接口是（　　）。

A. java. util. Map　　B. java. util. Collection
C. java. util. List　　D. java. util. Set
(2) 下面代码运行的结果是（　　）。

```
ArrayList<String> al = new ArrayList<String> ();
al.add (true);
al.add (123);
al.add ("abc");
System.out.println (al);
```

A. 编译失败　　B. [true，123]
C. [true，123，abc]　　D. [abc]
(3) LinkedList 类的特点是（　　）。
A. 查询快　　B. 增删快　　C. 元素不重复　　D. 元素自然排序
(4) 将 Map 集合中的键存储到 Set 集合的方法是（　　）。
A. entrySet ()　　B. get ()　　C. keySet ()　　D. put ()
(5) Java 中的集合类包括 ArrayList、LinkedList、HashMap 等类，下列关于集合类描述不正确的是（　　）。
A. ArrayList 和 LinkedList 均实现了 List 接口
B. ArrayList 的查询速度比 LinkedList 快
C. 添加和删除元素时，ArrayList 的表现更佳
D. HashMap 实现 Map 接口，它允许任何类型的键和值对象，并允许将 null 用作键或值
3. 问答题
(1) 简述 Java 集合的作用。
(2) 简述 Collection、Map、List、HashMap、Set、ArrayList 的关系。
4. 上机练习
(1) 利用 HashMap 类动态存储名“键值对”(姓名、年终考核成绩）数据。
(2) 利用 Map，完成下面的功能。
从命令行读入一个字符串，表示一个年份，输出该年的世界杯冠军是哪支球队。如果该年没有举办世界杯，则输出"没有举办世界杯"。(历届世界杯冠军见下表)

届数	举办年份	举办地点	冠军
第一届	1930 年	乌拉圭	乌拉圭
第二届	1934 年	意大利	意大利
第三届	1938 年	法国	意大利
第四届	1950 年	巴西	乌拉圭
第五届	1954 年	瑞士	西德

第8章

Java输入与输出

▶ 本章导读

通过本章的学习，能够正确地使用各种输入、输出流，实现对文本文件、二进制文件和其他数据的操作，有助于编写出更为完善的Java程序。

8.1 掌握 File 类

8.1.1 阅读任务 1——输入输出控制的预备知识

当程序需要读取磁盘上的数据或将程序中得到的数据存储到磁盘时，就可以使用输入输出流，简称 I/O 流。I/O 流提供一条通道程序，可以使用这条通道读取“源”中的数据，或把数据送到“目的地”。I/O 流中的输入流的指向称作源，程序从指向源的输入流中读取源中的数据；输出流的指向称作目的地，程序通过向输出流中写入数据把信息传递到目的地。虽然 I/O 流经常与磁盘文件存取有关，但是程序的源和目的地也可以是键盘、鼠标、内存或显示器窗口。

8.1.2 阅读任务 2——文件的相关知识

File 类用于对文件和目录的检查和操作，如创建、删除、修改及查看文件信息等操作；而 RandomAccessFile 类主要是用于随机读取或保存一个文件内容；抽象类 InputStream 和 OutputStream 负责二进制字节流的输入/输出；Reader 和 Writer 抽象类主要用于对字符流文件的处理。

1. File 对象的构造方法

创建一个 File 对象的构造方法有如下 3 个。

(1) File (String filename)：在当前目录下创建一个名为 filename 的文件对象。

(2) File (String directoryPath，String filename)：在 directoryPath 路径下创建一个名为 filename 的文件对象。

(3) File (File f，String filename)：在一个指定的文件目录 f 下创建一个名为 filename 的文件对象。

2. 文件的属性

File 类的方法可以获取文件本身的一些信息，见表 8-1。

表 8-1 File 类的常用方法

序号	方法名称	描述
1	getName ()	获取文件的名字
2	getParent ()	获取文件的父路径字符串
3	getPath ()	获取文件的相对路径字符串
4	getAbsolutePath ()	获取文件的绝对路径字符串
5	exists ()	判断文件或文件夹是否存在

续表

序号	方法名称	描述
6	canRead ()	判断文件是否可读
7	isFile ()	判断文件是否是一个正常的文件，而不是目录
8	canWrite ()	判断文件是否可被写入
9	idDirectory ()	判断是不是文件夹类型
10	isAbsolute ()	判断是不是绝对路径

8.1.3 阅读任务3——目录

1. 创建目录

public boolean mkdir () 方法可以用于创建一个目录，但是在使用这个目录时需要注意以下几点。

(1) 这个方法的调用需要通过 File 的对象来进行调用。

(2) 这个方法的返回类型为 boolean 类型的，创建一个目录，如果创建成功返回 true，否则返回 false (如果该目录已经存在将返回 false)。

(3) 这个方法在执行的过程中需要完成两个动作，如果文件存在则不创建文件，返回 false；如果文件不存在则创建文件，并返回结果 true。

2. 列出目录中的文件

如果 File 对象是一个目录，那么该对象可以调用下述方法列出该目录下的文件和子目录。

(1) public String [] list ()：用字符串形式返回目录下的全部文件。

(2) public File [] listFiles ()：用 File 对象形式返回目录下的全部文件。

有时需要列出目录下指定类型的文件，比如：java、. txt 等扩展名的文件。可以使用 File 类的下述两个方法，列出指定类型的文件。

(1) public String [] list (FilenameFilter obj)：该方法用字符串形式返回目录下的指定类型的所有文件。

(2) public File [] listFiles (FilenameFilter obj)：该方法用 File 对象返回目录下的指定类型所有文件。

8.1.4 操作任务1——利用系统中的分隔符来完成文件的创建和删除

步骤 1：文件的实例化操作

实例化 File 类时，必须设置好路径，即向 File 类的构造方法中传递一个文件路径，例如，要操作 D 盘下的 ExaDemo8 _ 1. java 文件，必须把 pathname 写成“ExaDemo8 _ 1. java”，其中“\ \”表示目录的分隔符，Windows 中使用反斜杠“\”；Linux 中使用正斜杠“/”。而 Java 的 File 类中定义了两个常量使程序可以在任意的操作系统中使用。

(1) pathSeqarator：与系统有关的路径分隔符字符串。

(2) separator：与系统有关的默认名称分隔符字符串。

那么为了保证路径的正确性，在此处就使用系统中给出的常量来完成程序。

步骤 2：文件的创建

当使用 File 类创建一个文件对象后，例如：

```
File f = new File ("C: \ \ myletter","letter. txt");
```

如果 C：\ myletter 目录中没有名字为 letter. txt 文件，文件对象 f 调用方法：

```
public boolean createNewFile ()
```

可以在 C：\ myletter 目录中建立一个名字为 letter. txt 的文件。

步骤 3：文件的删除

文件对象调用方法 public boolean delete () 可以删除当前文件，例如：

```
f. delete ();
```

步骤 4：完成程序

```
import java. io. File;
public class Demo8 _ 1 {
public static void main (String [] args) {
System. out. println ("路径分隔符:" + File. separator);
File file = new File ("D: \ \ sn. txt");
// 建议使用如下路径分隔符，必须给出完整的路径
// File file = new File ("D:" + File. separator + "sn. txt");
if (file. exists ()) {// 判断创建的文件是否存在
file. delete (); // 删除文件
}
else {
try {
file. createNewFile (); // 创建文件
}
catch (Exception e) {
System. out. println ("创建文件失败!");
}
}
}
}
```

步骤 5：运行程序

程序运行结果如图 8-1 所示。

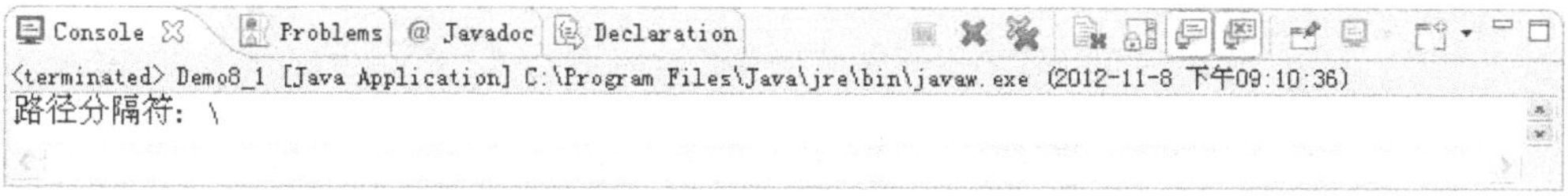

Console ☒ Problems @ Javadoc Declaration
<terminated> Demo8_1 [Java Application] C:\Program Files\Java\jre\bin\javaw.exe (2012-11-8 下午09:10:36)
路径分隔符：\

图 8-1 Demo8 _ 1 运行结果

8.1.5 操作任务 2——列出 C：\ 1000 下扩展名是 .java 的文件名字及其大小，并删除 C：\ 1000 下的一个 .java 文件

步骤 1：目录下文件名的获取

利用接口 FilenameFile 中的方法：

```
public boolean  accept (File dir, String name);
```

步骤 2：完成程序

```
import java. io. * ;
class FileAccept implements FilenameFilter {
  String str = null;
  FileAccept (String s) {
      str = " ." + s;
  }
  public  boolean accept (File dir, String name) {
      return name. endsWith (str);
  }
}
public class Demo8 _ 2 {
  public static void main (String args [ ]) {
      File dir = new File ("C: /1000");
      FileAccept acceptCondition = new FileAccept (" java");
          File  fileName [] = dir. listFiles (acceptCondition);
          for (int i = 0; i< fileName. length; i + + ) {
               System. out. printf (" \ n 文件名称：% s, 长度：% d",
                       fileName [i] . getName (), fileName [i] . length ());
                   }
              boolean boo = fileName [0] . delete ();
              if (boo) {
                   System. out. printf (" \ n 文件：% s 被删除：", fileName [0]
           . getName ());
                }
```

```
    }
}
import java. io. * ;
class FileAccept implements FilenameFilter {
  String str = null;
  FileAccept (String s) {
      str = " ." + s;
  }
  public  boolean accept (File dir, String name) {
      return name. endsWith (str);
  }
}
public class Demo8 _ 2 {
  public static void main (String args [ ]) {
      File dir = new File ("C: /1000");
      FileAccept acceptCondition = new FileAccept ("java");
      File  fileName [] = dir. listFiles (acceptCondition);
      for (int i = 0; i< fileName. length; i + + ) {
            System. out. printf (" \ n 文件名称: % s, 长度: % d",
               fileName [i] . getName (), fileName [i] . length
());
      }
      boolean boo = fileName [0] . delete ();
      if (boo) {
            System. out. printf (" \ n 文件: % s 被删除:", fileName
[0] . getName ());
      }
  }
}
```

步骤 3：运行程序

程序运行结果如图 8-2 所示。

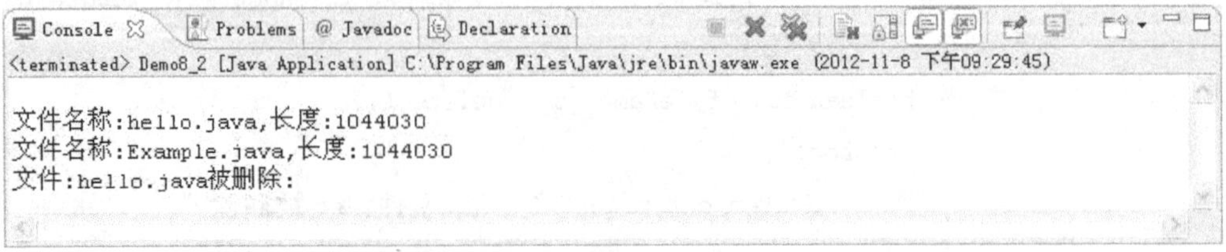

```
Console ⊠  Problems  @ Javadoc  Declaration
<terminated> Demo8_2 [Java Application] C:\Program Files\Java\jre\bin\javaw.exe (2012-11-8 下午09:29:45)

文件名称:hello.java,长度:1044030
文件名称:Example.java,长度:1044030
文件:hello.java被删除:
```

图 8-2　Demo8 _ 2 运行结果

8.2 学习随机读写流 RandomAccessFile 类

8.2.1 阅读任务——随机读写流的基本概念

Java 中的 RandomAccessFile 提供了对文件的读写功能。RandomAccessFile 虽然属于 java.io 下的类，但它不是 InputStream 或者 OutputStream 的子类；它也不同于 FileInputStream 和 FileOutputStream。FileInputStream 只能对文件进行读操作，而 FileOutputStream 只能对文件进行写操作；但是，RandomAccessFile 与输入流和输出流不同之处就是 RandomAccessFile 可以访问文件的任意地方同时支持文件的读和写，并且它支持随机访问。RandomAccessFile 包含 InputStream 的三个 read 方法，也包含 OutputStream 的三个 write 方法。同时 RandomAccessFile 还包含一系列的读和写的方法完成输入输出。RandomAccessFile 类的两个构造方法：

```
RandomAccessFile (String name, String mode)
RandomAccessFile (File file, String mode)
```

其中，file 是一个文件对象；mode 是访问方式，有三个值：r（读）、w（写）、rw（读写）。

8.2.2 操作任务 1——利用构造方法显示文件本身源代码的执行过程

步骤 1：完成程序

```
import java.io.File;
import java.io.RandomAccessFile;
public class Demo8_3 {
public static void main (String [] args) throws Exception {
File f = new File ("d:" + File.separator + "kj.txt");
// 创建随机访问文件为读写
RandomAccessFile raf = new RandomAccessFile (f,"rw");
long filePoint = 0; // 定义循环变量
long fileLength = raf.length (); // 获取文件长度
while (filePoint<fileLength) {
String str = raf.readLine (); // 从文件中按行读取
System.out.println (str);
filePoint = raf.getFilePointer ();
raf.close (); // 关闭文件
```

```
        }
    }
}
```

步骤 2：运行程序

程序的运行结果如图 8-3 所示。

```
Console ⨯  Problems  @ Javadoc  Declaration
<terminated> Demo8_3 [Java Application] C:\Program Files\Java\jre\bin\javaw.exe (2012-11-9 上午08:07:43)
I like study Java.
```

图 8-3 Demo8 _ 3 运行结果

8.4 学习字节流与字符流

所谓流（stream），是指有序的数据序列，源于 UNIX 中管道（pipe）的概念，用于实现程序或文件间数据交流。文件和程序之间通过流（管道）进行连接，这样数据源中的数据就可以通过流到达目标。便于理解，这么定义流：流就是一个管道里面有传输的内容，这个管道连接了文件和程序，管道有两个端口，一端是数据来源（输入），另一端是数据到达的目的地（输出）。

数据流的划分根据两个方面：从流的功能性角度来看，一个可以读取数据的对象被称为输入流，一个可以写入数据的对象被称为输出流；而从数据的组织方法来看，如果一个流的数据组织单位为字节，则称为字节流（二进制流），若是数据的组织单位为字符，则称为字符流（文本流）。通过流，程序可以自由地控制包括文件、内存、IO 设备、键盘等中的数据的流向。

8.3.1 阅读任务 1——字节流

字节流主要操作 byte 类型数据，以 byte 数组为准，主要操作类是 InputStream 类和 OutputStream 类。

1. 字节输入流

FileInputStream 的构造方法如下：

```
FileInputStream (String name)
FileInputStream (File file)
```

其中，name 表示要打开的文件名，file 表示文件类 File 的对象。

输入流通过使用 read () 方法从输入流读出源中的数据。

当使用文件输入流构造器建立通往文件的输入流时，可能会出现错误（也被称为异常）。例如，当试图要打开的文件不存在时，就出现 I/O 错误，Java 生成一个出错信号，它使用一个 IOException 对象来表示这个出错信号。程序必须使用一个 try－catch 块检测并处理这个异常。

输入流的唯一目的是提供通往数据的通道，程序可以通过这个通道读取数据，read 方法给程序提供一个从输入流中读取数据的基本方法。

read 方法的格式如下：

```
int read ();
```

read 方法从输入流中顺序读取单个字节的数据。该方法返回字节值（0～255 的一个整数），读取位置到达文件末尾，则返回－1。

read 方法还有其他一些形式。这些形式能使程序把多个字节读到一个字节数组中：

```
int read (byte b [ ])
int read (byte b [ ], int off, int len)
```

其中，off 参数指定 read 方法把数据存放在字节数组 b 中的什么地方样，len 参数指定该方法将读取的最大字节数。上面所示的这两个 read 方法都返回实际读取的字节个数，如果它们到达输入流的末尾，则返回－1。

FileInputStream 流顺序地读取文件，只要不关闭流，每次调用 read 方法就顺序地读取文件中其余的内容，直到文件的末尾或流被关闭。

需要注意的是，InputStream 类本身是一个抽象类，必须依靠其子类实例化对象，对文件操作的子类为 FileInputStream 类。

8.3.2 操作任务 1——利用字节流完成文件的读取

步骤 1：完成程序

```
import java.io.File;
import java.io.FileInputStream;
import java.io.InputStream;
public class Demo8_5 {
public static void main (String [] args) throws Exception {
    // 找到一个文件
File f = new File ("d:" + File.separator + "kj.txt");
// 实例化——子类实例化父类
InputStream in = new FileInputStream (f);
byte [] b = new byte [1024];
int len = in.read (b);
// 1. 循环把每一个字节一个个写入到文件中
for (int i = 0; i < len; i++) {
```

```
b [i] = (byte) in.read ();
}
// 2. 将 byte 数组写入到文件中
in.close (); // 关闭输出流
System.out.println (new String (b, 0, len));
}
}
```

步骤2：分析程序

此处利用了不同方式完成了文件的读取操作，在进行程序编写时，可以根据自己的习惯来完成这部分操作。

8.3.3 阅读任务2——文件字节输出流

文件输出流类FileOutputStream用来将数据写入文件，它的构造方法如下：

```
FileOutputStream (String name)
FileOutputStream (String name, boolean append)
FileOutputStream (File file)
```

其中，在FileOutputStream (String name) 构造方法中，name表示要新建并打开的文件名；在FileOutputStream (String name, boolean append) 构造方法中，参数append的值为true时，表示在原文件的尾部添加数据，否则将覆盖原文件的内容；在FileOutputStream (File file) 构造方法中，file表示文件类File对象。

构造方法参数指定的文件称为输出流的目的地。输出流使用write () 方法把数据写入输出流到达目的地，这个方法常用的形式如下。

(1) public void write (byte b [])：写b.length个字节到输出流。

(2) public void. write (byte b [], int off, int len)：从给定字节数组中起始于偏移量off处写len个字节到输出流，参数b是存放了数据的字节数组。

只要不关闭流，每次调用writer () 方法就顺序地向文件写入内容，直到流被关闭

需要注意的是，OutputStream类本身是一个抽象类，必须依靠其子类实例化对象，对文件操作的子类为FileOutputStream类。

8.3.4 操作任务2——利用字节输出流向文件中写入字符串

步骤1：完成程序

```
import java.io.File;
import java.io.FileOutputStream;
import java.io.OutputStream;
public class Demo8_6 {
public static void main (String [] args) throws Exception {
```

```
// 找到一个文件
File f = new File ("d:" + File.separator + "kj.txt");
// 实例化子类实例化父类
OutputStream out = new FileOutputStream (f);
String str = "zknu.jkx.czw";
byte [] b = str.getBytes ();
// 1. 循环把每一个字节一个个写入到文件中
for (int i = 0; i < b.length; i++) {
out.write (b [i]);
}
// 2. 将 byte 数组写入到文件中
out.write (b); // 内容保存
out.close (); // 关闭输出流
}
}
```

步骤 2：分析程序

这个程序的运行结果就是将字符串“zknu.jkx.czw”利用两种方式写入文件中，但是，如果重新执行程序，则肯定会覆盖文件中的已有内容，如果是在原文件中追加内容，则需要使用如下的构造方法：

```
public FileOutputStream (File file, boolean append)
```

其中，append 为 true 则表示在文件的末尾追加内容。请读者自行测试。

8.3.5 阅读任务3——字符流输入流

FileReader 类是 Reader 的子类，称为文件字符输入流。文件字符输入流按字符读取文件中的数据，构造方法如下。

(1) FileReader (String name)：在给定从中读取数据的文件名的情况下创建一个新 FileReader。

(2) FileReader (File file)：在给定从中读取数据的 File 的情况下创建一个新 FileReader。

构造方法参数指定的文件称为输入流的源，输入流通过使用 read () 方法从输入流读出源中的数据。

(1) int read ()：输入流调用该方法从源中读取一个字符。该方法返回一个整数 (0～65535 的一个整数，Unicode 字符值)，如果未读出字符就返回－1。

(2) int read (char b [ ])：输入流调用该方法从源中读取 b.length 个字符到字符数组 b 中，返回实际读取的字符数目。如果到达文件的末尾，则返回－1。

(3) int read (char b [ ], int off, int len)：输入流调用该方法从源中读取 len 个字

符并存放到字符数组 b 中，返回实际读取的字符数目。如果到达文件的末尾，则返回－1。其中，参数 off 指定该方法从字符数组 b 中的什么地方存放数据。

8.3.6 操作任务 3——利用 Writer 类向文件中写入数据

```
    import java. io. * ;
public class FileRead {
  public static void main (String args []) throws IOException {
      File file = new File ("Hello1. txt");
      // 创建文件
      file. createNewFile ();
      // creates a FileWriter Object
      FileWriter writer = new FileWriter (file);
      // 向文件写入内容
      writer. write ("This \ n is \ n an \ n example \ n");
      writer. flush ();
      writer. close ();
      //创建 FileReader 对象
      FileReader fr = new FileReader (file);
      char [] a = new char [50];
     fr. read (a); // 从数组中读取内容
      for (char c : a)
          System. out. print (c); // 一个个打印字符
      fr. close ();
  }
}
```

8.3.7 阅读任务 4——字符输入流

FileWriter 提供了基本的文件写入能力。FileWriter 类是 Writer 的子类，称为文件字符输出流。文件字符输出流按字符将数据写入到文件中的构造方法如下。

（1）FileWriter (String name)：在给出文件名的情况下构造一个 FileWriter 对象。

（2）FileWriter (File file);：在给出 File 对象的情况下构造一个 FileWriter 对象。

（3）FileWriter (String name，boolean append)：在给出 File 对象的情况下构造一个 FileWriter 对象。

（4）FileWriter (File file，boolean append)：在给出文件名的情况下构造 FileWriter 对象，它指示是否挂起写入数据的 boolean 值。

构造方法参数指定的文件称为输出流的目的地。输出流使用 write () 方法把数据写入输出流到达目的地。

（1）public void write（char b []）：写 b. length 个字符到输出流。

（2）public void. write（char b []，int off，int len）：从给定字符数组中起始于偏移量 off 处写 len 个字符到输出流，参数 b 是存放了数据的字符数组。

（3）void write（String str）：把字符串中的全部字符写入到输出流。

（4）void write（String str，int off，int len）：从字符串 str 中起始于偏移量 off 处写 len 个字符到输出流。

只要不关闭流，每次调用 writer（）方法就顺序地向文件写入内容，直到流被关闭。

8.3.8 操作任务 4——利用 Reader 类从文件中读取数据

```
import java. io. * ;
public class FileReaderSample {
public static void main (String args []) throws IOException {
char data [] = new char [1024]; // 建立可容纳 1024 个字符的数组
FileReader fr = new FileReader ("c: //Java//donkey. txt"); // 建立对象 fr
int num = fr. read (data); // 将数据读入字符列表 data 内
String str = new String (data, 0, num); // 将字符列表转换成字符串
System. out. println ("Characters read = " + num); // 输出在控制台
System. out. println (str);
fr. close ();
}
}
```

8.3.9 阅读任务 5——字节流与字符流的区别

实际上字节流在操作时本身不会用到缓冲区（内存），是文件本身直接操作的，而字符流在操作时使用了缓冲区，通过缓冲区再操作文件。

8.3.10 操作任务 5——修改 WriterDemo. java 文件

步骤 1：完成程序

```
import java. io. File;
import java. io. FileWriter;
import java. io. Writer;
public class Demo8 _ 9 {
public static void main (String [] args) throws Exception {
// 找到一个文件
File f = new File ("d:" + File. separator + "kj. txt");
// 实例化——子类实例化父类
```

```
Writer out = new FileWriter (f, true);
String str = "\r\ncomputer engineering dept";
out.write (str); // 内容保存
out.flush (); // 刷新缓冲区
out.close (); // 关闭输出流
}
}
```

步骤 2：分析程序

如果不关闭输出流则需要刷新缓冲区才能在文件中看到内容。请读者自行演示，理解操作文件的过程。所有文件在硬盘或在传输时都是以字节的方式进行的，而字符是只有在内存中才会形成，所以在开发中，字节流使用较为广泛。

8.4 学习转换流

8.4.1 阅读任务——转换流

Java JDK 文档中，FileWriter 类并不直接是 Writer 类的子类，而是 OutputStreamWriter 的子类，而 FileReader 类并不直接是 Reader 类的子类，而是 InputStreamReader 的子类，两个子类中间都需要进行转换操作，这两个类就是字节流－字符流的转换类。

OutputStreamWriter 类：将输出的字符流变为字节流，即将一个字符流的输出对象变为字节流的输出对象。

InputStreamReader 类：将输入的字节流变为字符流，即将一个字节流的输入对象变为字符流的输入对象。

需要注意的是：无论如何转换和操作，最终全部是以字节的形式保存在文件中。

8.4.2 操作任务 1——编程完成将字节输出流变为字符输出流

程序如下所示：

```
package outputstreamwriter.cn;
import java.io.File;
import java.io.FileNotFoundException;
import java.io.FileOutputStream;
import java.io.IOException;
import java.io.OutputStream;
import java.io.OutputStreamWriter;
import java.io.Writer;
```

```
public class OutputStreamWriterDemo {
  public static void main (String [] args) throws Exception {
    File f = new File ("d:" + File. separator + "test. txt"); //指定一个路径
    Writer osw;
    osw = new  OutputStreamWriter (new FileOutputStream (f));
    osw. write ("hello yuanfangwang");
osw. close ();
} //利用转换流，将字节输出流变成字符输出流，并用字符接收
}
```

8.4.3 操作任务2——编程完成将字节输入流变为字符输入流

程序如下所示：

```
import java. io. File;
import java. io. FileInputStream;
import java. io. InputStreamReader;
import java. io. Reader;
public class Demo8 _ 11 {
public static void main (String [] args) throws Exception {
File f = new File ("d:" + File. separator + "kj. txt");
// 实例化——字节流变为字符流
Reader rd = new InputStreamReader (new FileInputStream (f));
char [] c = new char [1024];
int len = rd. read (c);
rd. close ();
System. out. println ("内容为:" + new String (c, 0, len));
}
}
```

8.5 学习打印流

8.5.1 阅读任务——打印流

Java io 包中，打印流提供了非常方便的打印功能，可以打印任何数据类型，如小数、整数、字符串等。打印流是输出信息最方便的类，主要包含字节打印流（PrintStream）和

字符打印流（PrintWriter）。本任务主要使用字节打印流（PrintStream）进行讲解。

PrintStream 为其他输出流添加了功能，使它们能够方便地打印各种数据值表示形式。它还提供其他两项功能。与其他输出流不同，PrintStream 不会抛出 IOException；而是，异常情况仅设置可通过 checkError 方法测试的内部标志。另外，为了自动刷新，可以创建一个 PrintStream；这意味着可在写入字节数组之后自动调用 flush 方法，可调用其中一个 println 方法，或写入一个新行字符或字节（'\n'）。

PrintStream 打印的所有字符都使用平台的默认字符编码转换为字节。在需要写入字符而不是写入字节的情况下，应该使用 PrintWriter 类。

字节打印流 PrintStream 是 OutputStream 类的子类，其中一个构造方法可以直接接收 OutputStream 类的实例，来更加方便地输出数据。其包括的主要的构造方法如下。

（1）PrintStream（File file）：创建具有指定文件且不带自动行刷新的新打印流。

（2）PrintStream（File file，String csn）：创建具有指定文件名称和字符集且不带自动行刷新的新打印流。

（3）PrintStream（OutputStream out）：创建新的打印流。

（4）PrintStream（String fileName）：创建具有指定文件名称且不带自动行刷新的新打印流。

（5）PrintStream（String fileName，String csn）：创建具有指定文件名称和字符集且不带自动行刷新的新打印流。

8.5.2 操作任务——编写程序完成打印流的使用

```
import java. io. * ;
public class TestMark _ to _ win {
public static void main (String args []) throws Exception {
byte inp [] = new byte [3];
inp [0] = 97; inp [1] = 98; inp [2] = 99;
for (int i = 0; i < 3; i + + ) {
System. out. println (inp [i]);
}
for (int i = 0; i < 3; i + + ) {
System. out. println ( (char) inp [i]);
}
char c = 'z';
System. out. println (c);
String s = "我们是 good123";
System. out. println (s);
double d = 3. 14;
System. out. println (d);
```

```
    }
}
```

程序的运行结果如下：

```
97
98
99
a
b
c
z
我们是 good123
```

8.6 学习 BufferedReader 类和 BufferedWriter 类

8.6.1 阅读任务——缓冲流

1. BufferedReader 类

BufferedReader 类用于缓冲读取字符，将字节流封装成 BufferedReader 对象，然后用 readLine () 逐行读入字符流，直到遇到换行符为止（相当于反复调用 Reader 类对象的 read () 方法读入多个字符）。

BufferedReader 的构造方法如下：

```
BufferedReader (Reader in)
```

BufferedReader 流能够读取文本行，方法是 readLine ( )。readLine ( ) 可以向 BufferedReader 传递一个 Reader 对象（如 FileReader 的实例）来创建一个 BufferedReader 对象：

```
FileReader inOne = new FileReader ("Student. txt")
BufferedReader inTwo = new BufferedReader (inOne);
```

然后 inTwo 调用 readLine () 顺序读取文件“Student. txt”的一行。

2. BufferedWriter 类

可以将 BufferedWriter 流和 FileWriter 流连接在一起，然后使用 BufferedWriter 流将数据写到目的地。

FileWriter 流称为 BufferedWriter 的底层流，BufferedWriter 流将数据写入缓冲区，

底层流负责将数据写到最终的目的地。例如，

```
FileWriter tofile = new FileWriter ("hello.txt");
BufferedWriter out = new BufferedWriter (tofile);
```

BufferedReader 流调用方法：

```
write (String str)
write (String s, int off, int len)
```

把字符串 s 或 s 的一部分写入到目的地。

BufferedWriter 调用 newLine () 方法，可以向文件写入一个回行，调用 flush () 可以刷新缓冲区。

8.6.2 操作任务——利用缓冲流完成文件的读写

```
import java.io.BufferedReader;
import java.io.BufferedWriter;
import java.io.File;
import java.io.FileReader;
import java.io.FileWriter;
public class Demo8_14 {
public static void main (String [] args) throws Exception {
// 创建 BufferedReader 对象
FileReader fr = new FileReader ("d:\\example1.txt");
File f = new File ("d:\\example2.txt");
// 创建文件输出流
FileWriter fw = new FileWriter (f);
BufferedReader br = new BufferedReader (fr);
// 创建 BufferedWriter 对象
BufferedWriter bw = new BufferedWriter (fw);
String str = null;
while ((str = br.readLine ()) != null) {
bw.write (str + "\n"); // 为读取的文本行添加回车
}
br.close (); // 关闭输入流
bw.close (); // 关闭输出流
}
}
```

8.7 学习对象流

8.7.1 阅读任务——对象流

Java 提供了 ObjectInputStream 与 ObjectOutputStream 类读取和保存对象，它们分别是对象输入流和对象输出流。ObjectInputStream 类和 ObjectOutputStream 类是 InputStream 与 OutputStream 类的子类，继承了它们的所有方法。其构造方法如下。

（1）protected ObjectInputStream ()：为完全重新实现 ObjectInputStream 的子类提供一种方式，让它不必分配仅由 ObjectInputStream 的实现使用的私有数据。

（2）protected ObjectInputStream (InputStream in)：创建从指定 InputStream 读取的 ObjectInputStream。

（3）protected ObjectOutputStream ()：为完全重新实现 ObjectOutputStream 的子类提供一种方法，让它不必分配仅由 ObjectOutputStream 的实现使用的私有数据。

（4）protected ObjectOutputStream (OutputStream out)：创建写入指定 OutputStream 的 ObjectOutputStream。

将一个对象写入到文件时，首先用 FileOutputStream 创建一个文件输出流，如下所示：

```
FileOutputStream file_out = new FileOutputStream ("tom.txt");
ObjectOutputStream object_out = new ObjectOutputStream (file_out);
```

准备从文件中读入一个对象到程序中时，首先用 FileInputStream 创建一个文件输入流，如下所示：

```
FileInputStream file_in = new FileInputStream ("tom.txt");
ObjectInputStream object_in = new ObjectInputStream (file_in);
```

需要注意如下几个方面。

（1）当使用对象流写入或读入对象时，要保证对象是序列化的。

（2）一个类如果实现了 Serializable 接口，那么这个类创建的对象就是序列化的对象。

（3）使用对象流把一个对象写入到文件时不仅保证该对象是序列化的，而且该对象的成员对象也必须是序列化的。

8.7.2 操作任务——利用 ObjectOutputStream 存储数据，然后再用 ObjectInputStream 类读取数据

创建一个可序列化的学生对象，并用 ObjectOutputStream 类把它存储到一个文件

（mytext. txt）中，然后再用 ObjectInputStream 类把存储的数据读取到一个学生对象中，即恢复保存的学生对象。

```
import java. io. * ;
class Student implements Serializable //必须实现 Serializable 接口才能序列化
     {
  int age;
    String name;
    Student (int age, String name) {
        this. age = age;
        this. name = name;
    }
}
public class Iotest {
    public static void main (String [] args) {
        Student stu1 = new Student (20,"zhangsan");
        Student stu2 = new Student (22,"lisi");
        try {
            FileOutputStream fos = new FileOutputStream ("a. txt");
            ObjectOutputStream oos = new ObjectOutputStream (fos);
            oos. writeObject (stu1);
            oos. writeObject (stu2);
            oos. close ();
            FileInputStream fis = new FileInputStream ("a. txt");
            ObjectInputStream ois = new ObjectInputStream (fis);
            Student stu3 = (Student) ois. readObject ();
            System. out. println ("age: " + stu3. age);
            System. out. println ("name: " + stu3. name);
        } catch (FileNotFoundException e) {
            e. printStackTrace ();
        } catch (IOException e) {
              e. printStackTrace ();
        } catch (ClassNotFoundException e) {
            e. printStackTrace ();
        }

    }
}
```

本章小结

序号	总学习任务	阅读任务	操作任务
1	File类	输入输出控制的预备知识	
		文件的相关知识	
		目录	利用系统中的分隔符来完成文件的创建和删除
			完成文件的删除
2	随机读写流 RandomAccessFile类	随机读写流的基本概念	利用构造方法显示文件本身源代码的执行过程
			写文件并完成文件的读取
3	字节流与字符流	字节流	利用字节流完成文件的读取
		文件字节输出流	利用字节输出流向文件中写入字符串
		字符流输入流	利用Writer类向文件中写入数据
		字符输入流	利用Reader类从文件中读取数据
		字节流与字符流的区别	
4	转换流	转换流	编程完成将字节输出流变为字符输出流
			编程完成将字节输入流变为字符输入流
5	打印流	打印流	编写程序完成打印流的使用
6	BufferedReader类和BufferedWriter类	缓冲流	利用缓冲流完成文件的读写
7	对象流	对象流	

本章习题

1. 填空题

(1) 下列数据流中，属于输入流的是（　　）。

A. 从内存流向硬盘的数据流　　B. 从键盘流向内存的数据流

C. 从键盘流向显示器的数据流　　D. 从网络流向显示器的数据流

(2) Java语言中提供输入输出流的包是（　　）。

A. java. sql　　B. java. util　　C. java. math　　D. java. io

(3) 下列流中的（　　）使用了缓冲区技术。

A. BufferedOutputStream　　B. FileInputStream

C. DataOutputStream　　D. FileReader

(4) 下列说法中错误的是（　　）。

A. FileReader 是用文件字节流的读操作

B. PipedInputStream 用于字节流管道流的读操作

C. Java 的 I/O 流包括字符流和字节流

D. DataInputStream 被称为数据输入流

(5) 下列说法中错误的是（　　）。

A. java 的标准输入对象为 System. in

B. 打开一个文件时不可能产生 IOException

C. 使用 File 对象可以判断一个文件是否存在

D. 使用 File 对象可以判断一个目录是否存在

2. 填空题

(1) java 中，将用于向 java 程序输入数据的数据源构造成________流，java 通过________流向目的地输出数据。

(2) java 中，所有的输入流类都是________类或者________类的子类，它们都继承了________方法用于读取数据。所有输出流类都是________类或者________类的子类，它们都继承了________方法用于写数据。

(3) DataoutputStream 对象 dos 的当前位置写入一个保存在变量 d 中的浮点数的方法是________。

3. 操作题

(1) 编写一个程序，将输入的小写字符串转换为大写，然后保存到文件“a. txt”中。

(2) 编写一个程序，如果文件 text. txt 不存在，以该名创建一个文件。如果该文件已存在，使用文件输入/输出流将 100 个随机生成的整数写入文件中，整数之间用空格分隔。

第9章

Java线程

▶ 本章导读

Java 将线程概念引入程序设计语言中，让程序员利用线程机制编写多线程程序，使系统能够同时运行多个执行体，从而加快程序的响应速度。本章主要介绍 Java 多线程机制和多线程编程的基本方法。

9.1 了解多线程及线程的基本概念

9.1.1 阅读任务1——Java中的线程

程序是一段静态的代码，它是应用软件执行的蓝本。进程是程序的一次动态执行过程，它对应了从代码加载、执行至执行完毕的一个完整过程，这个过程也是进程本身从产生、发展至消亡的过程。线程是比进程更小的执行单位。一个进程在其执行过程中，可以产生多个线程，形成多条执行线索，每条线索即每个线程也有它自身的产生、存在和消亡的过程，也是一个动态的概念。

Java应用程序总是从主类的main方法开始执行。当JVM加载代码，发现main方法之后，就会启动一个线程，这个线程称作“主线程”，该线程负责执行main方法。那么，在main方法中再创建的线程，就称为主线程中的线程。如果main方法中没有创建其他的线程，那么当main方法执行完最后一个语句，即main方法返回时，JVM就会结束Java应用程序。如果main方法中又创建了其他线程，那么JVM就要在主线程和其他线程之间轮流切换，保证每个线程都有机会使用CPU资源，main方法即使执行完最后的语句，JVM也不会结束程序，JVM一直要等到主线程中的所有线程都结束之后，才结束Java应用程序。

9.1.2 阅读任务2——多线程的概念

多线程是实现并发机制的一种有效手段。进程和线程一样，都是实现并发的一个基本单位。线程和进程的主要差别体现在以下两个方面。

(1) 同样作为基本的执行单元，线程是比进程更小的执行单位。

(2) 每个进程都有一段专用的内存区域，与此相反，线程却共享内存单元（包括代码和数据），通过共享的内存单元来实现数据交换、实时通信与必要的同步操作。

多线程的主要优点如下。

(1) 将程序的独立任务划分在多线程中，通常要比在单个程序中完成全部任务容易。

(2) CPU不会因等待资源而浪费时间。

(3) 从用户的观点看，单处理器上的多线程提供了更快的性能。

多线程的应用范围很广。在一般情况下，程序的某些部分同特定的事件或资源联系在一起，同时又不想为它而暂停程序其他部分的执行，这种情况下，就可以考虑创建一个线程，令它与那个事件或资源关联到一起，并让它独立于主程序运行。通过使用线程，可以避免用户在运行程序和得到结果之间的停顿，还可以让一些任务（如打印任务）在后台运行，而用户则在前台继续完成一些其他的工作。总之，利用多线程技术，可以使编程人员方便地开发出能同时处理多个任务的功能强大的应用程序。

9.1.3 阅读任务3——进程与线程的差别

进程和线程之间的区别主要体现在以下几个方面。

1. 调度

在传统的操作系统中，拥有资源的基本单位和独立调度、分配的基本单位都是进程。而在引入线程的操作系统中，则把线程作为调度和分配的基本单位，而把进程作为资源拥有的基本单位，使传统的进程的两个属性分开，线程便能轻装运行，从而可显著地提高系统的并发程度。在同一进程中，线程的切换不会引起进程的切换，在由一个进程中的线程切换到另一个进程中的线程时，会引起进程的切换。

2. 并发性

在引入线程的操作系统中，不仅进程之间可并发执行，而且在一个进程中的多个线程之间，亦可并发执行，因而使操作系统具有更好的并发性，从而能更有效的使用系统资源和提高系统吞吐量。例如，在一个未引入线程的单 CPU 操作系统中，若仅设置一个文件服务进程，当它由于某种原因被阻塞时，便没有其他的文件服务进程来提供服务。在引入了线程的操作系统中，可以在一个文件服务进程中，设置多个服务线程，当第一个线程等待时，文件服务进程中的第二个线程可继续运行；当第二个线程阻塞时，第三个线程可继续运行，从而显著地提高了文件服务的质量以及系统吞吐量。

3. 拥有资源

不论是传统的操作系统，还是设有线程的操作系统，进程都是拥有资源的一个独立单位，它可以拥有自己的资源。一般地说，线程自己不拥有系统资源（只有一些必不可少的资源），但它可以访问其隶属进程的资源。亦即，一个进程的代码段、数据段以及系统资源，如已打开的文件、I/O 设备等，可供同一进程的所有线程共享。

4. 系统开销

由于在创建或撤销进程时，系统都要为之分配或回收资源，如内存空间、I/O 设备等。因此，操作系统所付出的开销将显著地大于在创建或撤销线程时的开销。类似的，在进行进程切换时，涉及当前进程整个 CPU 环境的保存以及新被调度运行的进程的 CPU 环境的设置。而线程切换只需要保存和设置少量寄存器的内容，并不涉及存储器管理方面的操作。可见，进程切换的开销也远远大于线程切换的开销。此外，由于同一进程中的多个线程具有相同的地址空间，致使它们之间的同步和通信的实现也变得比较容易。在有的系统中，线程的切换、同步和通信都无须操作系统内核的干预。

9.2 学习线程的生命周期

9.2.1 阅读任务——线程的生命周期

每个 Java 程序都有一个默认的主线程。对于应用程序，主线程是 main（）方法执行的线索，要想实现多线程，必须在主线程中创建新的线程对象。新建的线程在一个完整的生命周期中通常需要经历新建、就绪、运行、阻塞、死亡五种状态，如图 8.1 所示。

1. 新建状态

当一个 Thread 类或其子类的对象被声明并创建时，新生的线程对象处于新建状态。例如，下面的语句可以创建一个新的线程：

myThread 线程类有两种实现方式，一种是继承 Thread 类；另一种是实现 Runnable 接口。关于这两种方法的实现，将在 8.2 节中详细介绍。

2. 就绪状态

一个线程对象调用 start () 方法，即可使其处于就绪状态。处于就绪状态的线程具备了除 CPU 资源之外的运行线程所需的所有资源。也就是说，就绪状态的线程排队等候 CPU 资源，而这将由系统进行调度。

3. 运行状态

处于就绪状态的线程获得 CPU 资源后即处于运行状态。每个 Thread 类及其子类的对象都有一个 run0 方法，当线程处于运行状态时，它将自动调用自身的 run0 方法，并开始执行 run () 方法中的内容。

4. 阻塞状态

处于运行状态的线程如果因为某种原因不能继续执行，则进入阻塞状态。阻塞状态与就绪状态的区别是：就绪状态只是因为缺少 CPU 资源不能执行，而阻塞状态可能会由于各种原因使得线程不能执行，而不仅仅是 CPU 资源。引起阻塞的原因解除以后，线程再次转为就绪状态，等待分配 CPU 资源。

5. 死亡状态

当线程执行完 run0 方法的内容或被强制终止时，则处于死亡状态。至此，线程的生命周期结束。

9.3 学习线程的创建

9.3.1 阅读任务 1——线程的创建

在 Java 语言中，线程也是一种对象，但并非任何对象都可以成为线程，只有实现了 Runnable 接口或继承了 Thread 类的对象才能成为线程。

Java 的线程是通过 java. lang. Thread 类来实现的。当生成一个 Thread 类的对象之后，一个新的线程就产生了。线程实例表示 Java 解释器中的真正的线程，通过它可以启动线程、终止线程、线程挂起等。每个线程都是通过某个特定 Thread 对象的方法 run () 来完成其操作的，方法 run () 称为线程体。

9.3.2 阅读任务 2——线程中的方法

Thread 类综合了 Java 程序中一个线程需要拥有的属性和方法。

1. 构造方法

Thread 类有 4 个最常用的构造方法如下。

1）默认构造方法

默认的构造方法，没有参数列表，其语法格式为

```
Thread thread = new Thread ();
```

2）基于 Runnable 对象的构造方法

该构造方法包含了 Runnable 类型的参数，它是实现 Runnable 接口的类的实例对象。基于该构造方法创建的线程对象，将线程的业务逻辑交由参数所传递的 Runnable 对象去实现。其语法格式为

```
Thread thread = new Thread (Runnable simple);
```

其中，simple 为实现 Runnable 接口的对象。

3）指定线程名称的构造方法

该构造方法包含了 String 类型的参数，这个参数将作为新创建的线程对象的名称。其语法格式为

```
Thread thread = new Thread (ThreadName);
```

4）基于 Runnable 对象并指定线程名称的构造方法

该构造方法接收 Runnable 对象和线程名称的字符串。其语法格式为

```
Thread thread = new Thread (Runnable simple, String name);
```

其中，simple 为实现 Runnable 接口的对象；name 为线程名称。

2. Thread 类的主要方法

Thread 类的主要方法见表 9-1。

表 9-1 Thread 类的主要方法

序号	方法名称	描述
1	static Thread currentThread ()	返回当前线程对象的引用
2	static int activeCount ()	返回当前线程的线程组中活动线程的数目
3	long getId ()	返回该线程的标识符
4	int getPriority ()	取得由 setName () 方法设置的线程名字的字符串
5	String getName ()	返回线程优先级
6	Thread. State getState ()	返回该线程的状态
7	ThreadGroup getThreadGroup ()	返回该线程所属的线程组
8	void interrupt ()	中断线程
9	static boolean interrupted ()	判断当前线程是否被中断（会清除中断状态标记）
10	boolean isAlive ()	判断线程是否处于活动状态（即已调用 start，但中断还未返回）

9.3.3 阅读任务3——使用 Thread 类创建线程

在 Java 语言中，用 Thread 类或子类创建线程对象。但需要重写父类的 run () 方法，其目的是规定线程的具体操作，否则线程就什么也不做，因为父类的 run () 方法中没有任何操作语句使用 start () 方法启动线程。由于 Java 只支持单重继承，用这种方法定义的类不能再继承其他父类。

9.3.4 操作任务 1——定义一个继承自 Thread 类的 SimpleThread 类，该类将创建的两个线程同时在控制台输出信息，从而实现两个任务输出信息的交叉显示

步骤 1：完成程序

```
public class Demo7 _ 2 extends Thread {
  public Demo7 _ 2 (String name) {
    setName (name);
  }
  public void run () {// 覆盖 run () 方法
    int i = 0;
    while (i + + < 5) {
      try {
          System. out. println (getName () + "执行步骤" + i);
          Thread. sleep (1000); // 休眠 1 秒
          }
      catch (Exception e) {
      e. printStackTrace ();
    }
  }
  }
  public static void main (String [] args) {
    // 创建线程 1
    Demo7 _ 2 st1 = new Demo7 _ 2 ("线程 1");
    // 创建线程 2
    Demo7 _ 2 st2 = new Demo7 _ 2 ("= = = = = =线程 2");
    // 启动线程 1
    st1. start ();
    // 启动线程 2
    st2. start ();
  }
}
```

步骤 2：运行程序

程序的运行结果如图 9-1 所示。

```
Console ⊠  @ Javadoc  Declaration  Problems
<terminated> Demo7_2 [Java Application] C:\Program Files\Java\jre\bin\javaw.exe (2012-11-8 下午05:19:37)
线程1执行步骤1
======线程2执行步骤1
线程1执行步骤2
======线程2执行步骤2
线程1执行步骤3
======线程2执行步骤3
线程1执行步骤4
======线程2执行步骤4
线程1执行步骤5
======线程2执行步骤5
```

图 9-1 Demo7 _ 2 运行结果

步骤 3：分析结果

从程序的执行结果中可以发现，现在的两个进程对象是交错运行的，哪个线程对象抢到了 CPU 资源，哪个线程就可以运行，所以上面例子中程序的执行结果并不是固定的，在线程启动时虽然调用的是 start () 方法，但实际上调用的却是 run () 方法定义的主体。

需要注意的是：启动线程不能直接使用 run () 方法，因为线程的运行需要本机操作系统的支持。如果一个类通过继承 Thread 类来实现，只能调用一次 start () 方法，如果调用多次，则会抛出 Exception in thread "main" java. lang. IllegalThreadStateException。

9.3.5 阅读任务 4——Runnable 接口

实现 Runnable 接口的类就可以成为线程，Thread 类就是因为实现了 Runnable 接口，所以才具有了线程的功能。

Runnable 接口只有一个 run0 方法，实现 Runnable () 接口后必须覆写 run () 方法。

从本质上讲，Runnable 是 Java 语言中用以实现线程的接口，任何实现线程功能的类都必须实现这个接口。Thread 类就是因为实现了 Runnable 接口，所以，继承它的类才具有了相应的线程功能。

虽然可以使用继承 Thread 类的方式实现线程，但是由于在 Java 语言中，只能继承一个类，如果用户定义的类已经继承了其他类，就无法再继承 Thread 类，也就无法使用线程，于是 Java 语言为用户提供了一个接口，即 java. lang. Runnable。实现 Runnable 这个接口与继承 Thread 类具有相同的效果，通过实现这个接口就可以使用线程。Runnable 接口中定义了一个 run () 方法，在实例化一个 Thread 对象时，可以传入一个实现 Runnable 接口的对象作为参数，Thread 类会调用 Runnable 对象的 runO 方法，继而执一run07J 法中的内容。

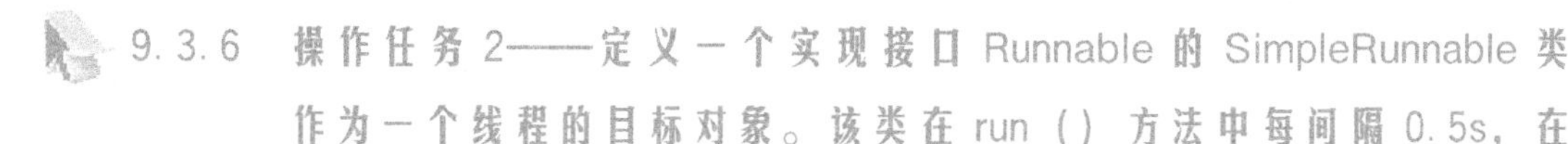

9.3.6 操作任务 2——定义一个实现接口 Runnable 的 SimpleRunnable 类作为一个线程的目标对象。该类在 run () 方法中每间隔 0.5s，在控制台输出一个“@”，直到输出 15 个“@”字符

步骤 1：完成程序

```
public class Demo7 _ 3 implements Runnable {
```

```
// 覆盖 run () 方法
public void run () {
int i = 15;
while (i- - >=1) {
try {
System. out. print ("@ ");
Thread. sleep (500);
}
catch (Exception e) {
e. printStackTrace ();
}
}
}
public static void main (String [] args) {
// 创建线程 A
Thread t = new Thread (new Demo7 _ 3 (),"线程 A");
// 启动线程 A
t. start ();
}
}
```

步骤 2：运行程序

程序的运行结果如图 9-2 所示。

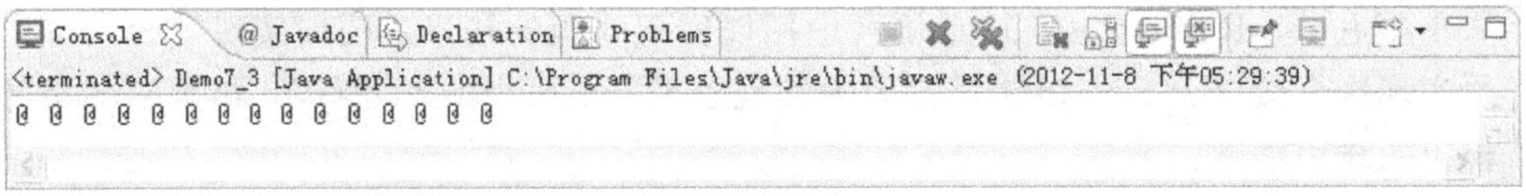

```
Console ☒  @ Javadoc  Declaration  Problems
<terminated> Demo7_3 [Java Application] C:\Program Files\Java\jre\bin\javaw.exe (2012-11-8 下午05:29:39)
@ @ @ @ @ @ @ @ @ @ @ @ @ @ @
```

图 9-2　Demo7 _ 3 运行结果

步骤 3：分析结果

不管是线程体的哪种实现方式，从结果中不难发现 3 个线程是并行的。但是通常情况下，计算机只有一颗 CPU，所以在某个时刻只能有一个线程在运行，线程的并发调度执行在 Java 语言的设计之初就已经被设计者考虑在内了。

最后比较一下实现线程体的两种方式：Thread 类是多个线程分别完成自己的任务，Runnable 接口是多个线程共同完成一个任务。其实在实现一个任务用多个线程来做也可以用继承 Thread 类来实现只是比较麻烦，一般用实现 Runnable 接口来实现，简洁明了。大多数情况下，如果只想重写 run () 方法，而不重写其他 Thread 方法，那么应使用 Runnable 接口。这很重要，因为除非程序员打算修改或增强类的基本行为，否则不应为该类（Thread）创建子类。

9.4 学习线程调度

9.4.1 阅读任务——线程调度

Java 提供一个线程调度器来调度程序启动后进入可运行状态的所有线程。线程调度器按照线程的优先级决定处于可运行状态线程的执行顺序。线程调度器按线程的优先级高低选择优先级高的线程先执行。

线程调度是抢先式调度，即如果在当前线程执行过程中，一个更高优先级的线程进入可运行状态，则这个线程立即被调度执行。

抢先式调度又分为时间片方式和独占方式。

在时间片方式下，当前活动线程执行完当前时间片后，如果有其他处于就绪状态的相同优先级的线程，系统会将执行权交给其他就绪状态的同优先级线程；当前活动线程转入等待执行队列，等待下一个时间片的调度。

在独占方式下，当前活动线程一旦获得执行权，将一直执行下去，直到执行完毕或由于某种原因主动放弃 CPU，或者是有高优先级的线程处于可执行状态。

线程主动放弃 CPU 的原因可能有以下几个：

（1）线程调用了 yield（）或 sleep（）方法主动放弃。

（2）线程调用了 wait（）方法。

（3）由于当前线程进行 I/O 访问，外存读写，等待用户输入等操作，导致线程阻塞。

9.5 学习线程的优先级

9.5.1 阅读任务——线程优先级

Java 线程可以有优先级的设定（请参考下面的“线程优先级的问题”）。

（1）当线程的优先级没有指定时，所有线程都携带普通优先级。

（2）优先级可以用在 1 到 10 的范围内指定。10 表示最高优先级，1 表示最低优先级，5 是普通优先级。

（3）记住优先级最高的线程在执行时被给予优先。但是不能保证线程在启动时就进入运行状态。

（4）与在线程池中等待运行机会的线程相比，当前正在运行的线程可能总是拥有更高优先级的。

（5）由调度程序决定哪一个线程被执行。

（6）t. setPriority（）用来设定线程的优先级。

（7）在线程开始方法被调用之前，线程的优先级应该被设定。

（8）可以使用常量，如使用 MIN _ PRIORITY，MAX _ PRIORITY，NORM _ PRIORITY 来设定优先级。

9.6 学习守护线程

9.6.1 阅读任务——线程守护的定义

守护线程是为其他线程的运行提供便利的线程。守护线程不会阻止程序的终止。Java 的垃圾收集机制的某些实现就使用了守护线程。非守护线程包括常规的用户线程或诸如用于处理 GUI 事件的事件调度线程。程序可以包含守护线程和非守护线程。程序只有守护线程时，该程序便可以结束运行。

如果要使一个线程成为守护线程，则必须在调用它的 start 方法之前进行设置（通过以 true 作为参数调用线程的 setDaemon 方法，可以将该线程定义为一个守护线程），否则会抛出 IllegalThreadStateException 异常。如果线程是守护线程，则 isDaemon 方法返回真。

需要注意以下几点。

（1）如果在线程已经启动后，再试图使该线程成为守护线程，则会导致 IllegalThreadStateException 异常。

（2）事件调度线程是一个无穷循环的线程，而不是守护线程。因而，在基于窗口的应用程序调用 System 类的 exit 方法之前，事件调度线程不会终止。

（3）不能将关键任务分配给守护线程。这些任务将会在事先没有警告的情况下终止，这可能导致不能正确地完成它们。

9.6.2 操作任务——通过 Thread 类的方法将线程设置成守护线程

```
import java.io.File;
import java.io.FileOutputStream;
import java.io.OutputStream;
import java.util.Scanner;
/**
 * 守护线程<p>
 * 示例：
 *   主线程 负责 接收键盘输入
 *   守护线程 负责 读写操作
 *
```

```
 *  主线程结束时，守护线程是被强制结束
 *      http：//www.imooc.com/video/6310/0
 */
public class DeamonThreadDemo {
    public static void main (String [] args) {
        System.out.println ("进入主线程" + Thread.currentThread () .getName ());
        DeamonThread deamon = new DeamonThread ();
        Thread thread = new Thread (deamon);
        thread.setDaemon (true);        //设置成守护线程
        thread.start ();
        System.out.println ("主线程阻塞中...");
        Scanner sc = new Scanner (System.in);
        sc.next ();
        sc.close ();
        System.out.println ("结束主线程" + Thread.currentThread () .getName ());
    }
}
class DeamonThread implements Runnable {
    @Override
    public void run () {
        System.out.println ("进入守护线程" + Thread.currentThread () .getName ());
        try {
            writerToFile ();
        } catch (Exception e) {
            e.printStackTrace ();
        }
        System.out.println ("结束守护程" + Thread.currentThread () .getName ());
    }
    private void writerToFile () throws Exception {
        File file = new File ("D:" + File.separator + "测试.txt");
        OutputStream os = new FileOutputStream (file, true);
        int count = 0;
        while (count < 99) {
            os.write ( ("\r\nworld" + count) .getBytes ());
            System.out.println ("向文件中写入：world" + count++);
            Thread.sleep (1000);
        }
        os.close ();
    }
}
```

9.7 学习线程同步

9.7.1 阅读任务——线程同步的概念

为了避免多线程共享资源发生冲突的情况，只要在线程使用资源时给该资源上一把锁就可以了。访问资源的第一个线程为资源上锁，其他线程若想使用这个资源必须等到锁解除为止，锁解除的同时，另一个线程使用该资源并为这个资源上锁。如果将银行中的某个窗口看做是一个公共资源的话，每个客户需要办理的业务就相当于一个线程，而排号系统就相当于给每个窗口上了锁，保证每个窗口只有一个客户在办理业务。当其中一个客户办理完业务后，工作人员启动排号机，通知下一个客户来办理业务，这正是线程 A 将锁打开，通知第二个线程来使用资源的过程。

9.7.2 操作任务 1——定义一个没有线程同步的程序

步骤 1：构造一个电话类，定义一个打电话的方法

```
public class PhoneCall {
  public static void call (String name) {
    try {
        System.out.println ("<--" + name + "拨打电话-->");
        Thread.sleep (100);
        System.out.println ("<--" + name + "正在通话中......-->");
        Thread.sleep (100);
        System.out.println ("<--" + name + "挂断电话-->");
      }
  catch (InterruptedException e) {
      e.printStackTrace ();
    }
  }
}
```

步骤 2：构造一个调用电话类打电话方法的线程类

```
public class Demo7_8 extends Thread {
  public Demo7_8 (String arg0) {
    super (arg0);
    System.out.println ("<--在这里定义 Call 类的构造方法-->");
  }
  public void run () {
```

```
    PhoneCall.call (getName ());
  }
  public static void main (String [] args) {
    Demo7_8 first = new Demo7_8 ("First");
    Demo7_8 second = new Demo7_8 ("Second");
    Demo7_8 third = new Demo7_8 ("Third");
    first.start ();
    second.start ();
    third.start ();
  }
}
```

步骤 3：观察一部电话，在没有同步情况下的工作状况

通过这个程序的运行结果可以看到电话的工作状况，程序的运行结果如图 9-3 所示。

```
Console ⊠  Problems  @ Javadoc  Declaration
<terminated> Demo7_8 [Java Application] C:\Program Files\Java\jre\bin\javaw.exe (2012-11-8 下午06:12:21)
<--在这里定义Call类的构造方法-->
<--在这里定义Call类的构造方法-->
<--在这里定义Call类的构造方法-->
<--First拨打电话-->
<--Third拨打电话-->
<--Second拨打电话-->
<--First正在通话中......-->
<--Third正在通话中......-->
<--Second正在通话中......-->
<--First挂断电话-->
<--Second挂断电话-->
<--Third挂断电话-->
```

图 9-3 Demo7_8 运行结果

步骤 4：程序运行结果分析

从运行结果中不难看出：在 First 拨打电话的等待过程中，Second 也拨打了电话。Second 进入等待时，Third 开始拨打电话。这显然是不应该发生的，所以需要同步。

9.7.3 操作任务 2——改造上面的程序，定义一个有线程同步的程序

步骤 1：构造一个电话类，定义一个打电话的方法

```
public class SynPhoneCall {
  public synchronized static void call (String name) {
    try {
      System.out.println ("<--" + name + "拨打电话-->");
      Thread.sleep (100);
      System.out.println ("<--" + name + "正在通话中......-->");
      Thread.sleep (100);
      System.out.println ("<--" + name + "挂断电话-->");
    }
  catch (InterruptedException e) {
```

```
            e.printStackTrace ();
        }
    }
}
```

步骤 2：构造一个调用电话类打电话方法的线程类

```
public class Demo7_9 extends Thread {
    public Demo7_9 () {
        super ();
        System.out.println ("<--在这里定义 SynCall 类的构造方法-->");
    }
    public Demo7_9 (Runnable arg0, String arg1) {
        super (arg0, arg1);
        System.out.println ("<--在这里定义 SynCall 类的构造方法-->");
    }
    public Demo7_9 (Runnable arg0) {
        super (arg0);
        System.out.println ("<--在这里定义 SynCall 类的构造方法-->");
    }
    public Demo7_9 (String arg0)    {
        super (arg0);
        System.out.println ("<--在这里定义 SynCall 类的构造方法-->");
    }
    public Demo7_9 (ThreadGroup arg0, Runnable arg1, String arg2, long arg3) {
        super (arg0, arg1, arg2, arg3);
        System.out.println ("<--在这里定义 SynCall 类的构造方法-->");
    }
    public Demo7_9 (ThreadGroup arg0, Runnable arg1, String arg2) {
        super (arg0, arg1, arg2);
        System.out.println ("<--在这里定义 SynCall 类的构造方法-->");
    }
    public Demo7_9 (ThreadGroup arg0, Runnable arg1) {
        super (arg0, arg1);
        System.out.println ("<--在这里定义 SynCall 类的构造方法-->");
    }
    public Demo7_9 (ThreadGroup arg0, String arg1) {
        super (arg0, arg1);
        System.out.println ("<--在这里定义 SynCall 类的构造方法-->");
    }
    public void run () {
        SynPhoneCall.call (getName ());
```

```
    }
    public static void main (String [] args) {
      Demo7 _ 9 first = new Demo7 _ 9 ("First");
      Demo7 _ 9 second = new Demo7 _ 9 ("Second");
      Demo7 _ 9 third = new Demo7 _ 9 ("Third");
      first. start ();
      second. start ();
      third. start ();
    }
  }
```

步骤 3：运行程序

程序的运行结果如图 9-4 所示。

```
Console ☒  Problems  @ Javadoc  Declaration
<terminated> Demo7_9 [Java Application] C:\Program Files\Java\jre\bin\javaw.exe (2012-11-8 下午07:54:38)
<--在这里定义SynCall类的构造方法-->
<--在这里定义SynCall类的构造方法-->
<--在这里定义SynCall类的构造方法-->
<--First拨打电话-->
<--First正在通话中......-->
<--First挂断电话-->
<--Second拨打电话-->
<--Second正在通话中......-->
<--Second挂断电话-->
<--Third拨打电话-->
<--Third正在通话中......-->
<--Third挂断电话-->
```

图 9-4 Demo7 _ 9 运行结果

9.8 学习线程联合

9.8.1 阅读任务——线程的联合

一个线程 A 在占有 CPU 资源期间，可以让其他线程调用 join () 和本线程联合，如

```
Bjoin ();
```

称 A 在运行期间联合了 B。如果线程 A 在占有 CPU 资源期间一旦联合线程 B，那么 A 线程将立刻中断执行，一直等到它联合的线程 B 执行完毕，线程 A 再重新排队等待 CPU 资源，以便恢复执行。如果 A 准备联合的 B 已经结束，那么 B. join () 不会产生任何效果。

9.8.2 操作任务——一个线程在运行期间联合了另外一个线程

```
public class Test01 {
```

//1. 现在有T1、T2、T3三个线程，你怎样保证T2在T1执行完后执行，T3在T2执行完后执行

```
public static void main (String [] args) throws InterruptedException {
    Thread th1 = new Thread01 ();
    Thread th2 = new Thread02 ();
  Thread th3 = new Thread03 ();
    th1. start ();
    th1. join ();
    System. out. println ("Thread01 运行结束。。。");
    th2. start ();
    th2. join ();
    System. out. println ("Thread02 运行结束。。。");
    th3. start ();
    th3. join ();
  System. out. println ("Thread03 运行结束。。。");
    System. out. println ("－－－－－－主函数－－－－－－－");
}
}
class Thread01 extends Thread {
    public void run () {
        System. out. println ("Thread01... running...");
        try {
            Thread. sleep (2000);
        } catch (InterruptedException e) {
            e. printStackTrace ();
        }
    }
}
class Thread02 extends Thread {
    public void run () {
        System. out. println ("Thread02... running...");
        try {
            Thread. sleep (500);
        } catch (InterruptedException e) {
            e. printStackTrace ();
        }
    }
}
class Thread03 extends Thread {
    public void run () {
        System. out. println ("Thread03... running...");
```

```
            try {
                Thread.sleep (1000);
            } catch (InterruptedException e) {
                e.printStackTrace ();
            }


        }
    }
```

程序的运行结果如图 9-5 所示。

```
<terminated> Test01 [Java Application] C:\P
Thread01...running...
Thread01运行结束。。。
Thread02...running...
Thread02运行结束。。。
Thread03...running...
Thread03运行结束。。。
------主函数-------
```

图 9-5 程序运行结果

本章小结

序号	总学习任务	阅读任务	操作任务
1	多线程及线程的基本概念	Java 中的线程	
		多线程的概念	
		进程与线程的差别	
2	线程的生命周期	线程的生命周期	
3	线程的创建	线程的创建	
		线程中的方法	
		使用 Thread 类创建线程	使用 Thread 类完成线程的创建
		Runnable 接口	利用 Runnable 接口完成线程的创建
4	线程调度	线程调度	
5	线程的优先级	线程优先级	
6	守护线程	线程守护的定义	通过 Thread 类的方法将线程设置成守护线程
7	线程同步	线程同步的概念	定义一个没有线程同步的程序
			定义一个有线程同步的程序
8	线程联合	线程的联合	一个线程在运行期间联合了另外一个线程

本章习题

1. 填空题

(1) 每个进程都有的代码和数据空间或称之为进程上下文，进程切换的开销。而线程可以看成轻量级的进程，同一类线程代码和数据空间，每个线程有的运行栈和程序计数器，线程切换与进程切换相比开销要________。

(2) Java 中的线程由 3 部分组成：________、________和________。

(3) 线程有 4 种状态：________、________、________和________。

(4) Java 中线程有个优先级，由低到高分别用________到________表示。

(5) 线程默认都是非守护线程，非守护线程也称为__________。

2. 选择题

(1) 当（　　）方法终止时，能使线程进入死亡状态。

A. run

B. setPrority//更改线程优先级

C. yield//暂停当前线程的执行其他线程

D. sleep//线程休眠

(2) 用（　　）方法可以改变线程的优先级。

A. run　　B. setPrority　　C. yield　　D. sleep

(3) 线程通过（　　）方法可以使具有相同优先级的线程获得处理器。

A. run　　B. setPrority　　C. yield　　D. sleep

(4) 线程通过（　　）方法可以休眠一段时间，然后恢复运行。

A. run　　B. setPrority　　C. yield　　D. sleep

(5) 方法 resume（）负责重新开始（　　）线程的执行。

A. 被 stop（）方法停止　　B. 被 sleep（）方法停止

C. 被 wait（）方法停止　　D. 被 suspend（）方法停止

(6)（　　）方法可以用来暂时停止当前线程的运行。

A. stop（）　　B. sleep（）　　C. wait（）　　D. suspend（）

3. 问答题

(1) 简述程序、进程和线程之间的关系？什么是多线程程序？

(2) 什么是线程调度？Java 的线程调度采用什么策略？

(3) 什么是主线程？主线程的特点是什么？

(4) 如何在 Java 程序中实现多线程？

4. 上机练习

编写一个应用程序，在线程同步的情况下来实现“生产者—消费者”问题。

第10章

Java图形界面

▶ 本章导读

图形用户界面（Graphical User Interface）简称 GUI，提供了一种更加直观、友好的方式与用户进行交互。在 Java 语言中，系统通过 java. awt 包提供了一组用于开发图形用户界面的类。在本章中，我们将主要介绍 java. awt 包中各组件（包括容器组件和非容器组件）的特点与用法。

 10.1 学习 AWT 与 Swing

 10.1.1 阅读任务1——AWT 简介

AWT 主要包括以下几个部分。

1. 组件（Component）类

组件是一个可以以图形化的方式显示在屏幕上并能与用户进行交互的对象，例如一个按钮、一个标签等。组件中不能再放置其他组件，并且组件也不能独立显示，而必须将其放在某个容器中。

2. 布局管理器（LayoutManager）

为了使生成的图形用户界面具有良好的平台无关性，Java 语言提供了布局管理器这个工具来管理组件在容器中的布局，从而使得用户不必再直接设置组件的位置和大小。

创建容器后，系统会自动为其指定一个默认的布局管理器。例如，窗体的默认布局管理器为边界布局管理器，面板的默认布局管理器为顺序布局管理器。

在 Java 中，布局管理器的特点主要有如下几个。

(1) Java 的布局管理器主要包括顺序布局管理器、边界布局管理器、网格布局管理器等几类。

(2) 虽然 Java 提供布局管理器的出发点很好，但它有点中看不中用，使用起来效果并不好。因此，在很多情况下都需要直接设置容器中各组件的位置和大小。

(3) 如果未取消容器的默认布局管理器，或者为其设置了某种布局管理器，此时用户通过调用组件对象的 setLocation ()、setSize ()、setBounds () 等方法为组件对象所设的位置和尺寸将不再起作用。

(4) 要取消容器的布局管理器，可调用容器对象的 setLayout (null) 方法。

(5) 要将某类布局管理器用于某个容器对象，可调用容器对象的 setLayout () 方法，如下例所示：

3. 容器（Container）类

容器类也是组件类的子类，但它与其他组件类有所不同，可在其中放置组件或其他容器。因此，不再称其为组件，而称其为容器。常见的容器包括窗口（Window）、窗体（Frame）、对话框（Dialog）、面板（Panel）等。

4. 字体（Font）类

用来创建字体对象，以设置所用字体、大小和效果等。字体对象可用于 Graphics 对象和 Component 对象。

5. 事件处理（AWTEvent）类

当用户与组件交互时，会触发一些事件。AWTEvent 类及其子类用于表示 AWT 组件

能够触发的事件。

在 Java 中，要为组件增加事件处理功能，其步骤如下。

（1）为组件实例注册一个或多个事件侦听器，其参数为一个对应的事件处理类对象。

（2）事件处理类应完全实现事件侦听器接口中的各个方法（方法内容可以为空，但必须有，否则，类就成了抽象类），以处理事件的各种行为。另外，所有接口方法的参数均为事件对象，以便用户通过程序对事件进行解读。

6. 图形（Graphics）类

Graphics 类为一抽象类，它为 Java 提供了底层的图形处理功能，使用 Graphics 类提供的方法可以设置字体和颜色、显示图像和文本以及绘制和填充各种几何图形。

10.1.2 阅读任务2——Swing 简介

Swing 的组件几乎都是轻量级组件。与 AWT 组件不同的是：这些组件没有本地的对等组件是由 Java 实现的，所以它们也不依赖于操作系统。与 AWT 的重量级组件相比，Swing 组件被称为轻量级组件。重量级组件在本地的不透明窗体中绘制，而轻量级组件在重量级组件的窗口中绘制。由于抛弃了基于本地对等组件的同位体体系结构，Swing 不但在不同的平台上表现一致，而且提供了本地组件不支持的特性。

然而 Swing 的出现并不代表 AWT 的设计是失败的。需要明确的是 AWT 是 Swing 的基础，而 AWT 最初的设计也只是定位于小应用程序的简单用户界面。

使用 Swing 开发图形界面，所有的组件、容器和布局管理器都在 javax. swing 包中。

10.1.3 阅读任务3——容器简介

java. awt. Container 类是 java. awt. Component 的子类，一个容器可以容纳多个组件，并使它们成为一个整体。所有的容器都可以通过 add（）方法向容器中添加组件。有 3 种类型的容器：Window、Panel、ScrollPane，常用的有 Panel、Frame 等。

10.2 学习创建窗体

10.2.1 阅读任务——利用 JFrame 类创建窗体的方法

在开发 Java 应用程序时，通常利用 JFrame 类来创建窗体。利用 JFrame 类创建的窗体分别包含一个标题、最小化按钮、最大化按钮和关闭按钮。JFrame 类提供了一系列用来设置窗体的方法，常用方法见表 10-1。

表 10-1 JFrame 类的常用方法

序号	方法	描述
1	public JFrame () throws HeadlessException	构造一个不可见的窗体对象
2	public JFrame (String title) throws HeadlessException	构造一个带标题的窗体对象
3	public void setSize (int width, int height)	设置窗体大小
4	public void setSize (Dimension d)	通过 Dimension 设置窗体大小
5	public void setBackground (Color c)	设置窗体的背景色

10.2.2 操作任务——观察示例，创建一个新窗体

```
import javax. swing. JFrame;
public class DFrame extends JFrame {
/ * *
 * dingshuangen
 * /
private static final long serialVersionUID = 1L;
//构造方法
public DFrame ()    {
this. setTitle ("我的第一个窗体");
//this. setBounds (300, 200, 450, 350); 设置窗体位置大小，前两个参数为位置，后两个参数为窗体大小
this. setLocation (300, 200); //设置位置
this. setSize (450, 350); //设置大小
this. setDefaultCloseOperation (JFrame. EXIT _ ON _ CLOSE); //设置窗体关闭方式
this. setVisible (true); //设置为可见
}
public static void main (String [] args) {
new DFrame ();
}
}
```

10.3 学习标签组件 JLabel

10.3.1 阅读任务——标签组件

JLabel 组件表示的是一个标签，本身是用来显示信息的，一般情况下是不能更改其显示内容的。创建完的 JLabel 对象可以通过容器类 Container 类中的 add () 方法加入到容器中，JLabel 类中的常用方法和常量见表 10-2。

表 10-2 JLabel 类的常用方法和常量

序号	方法及常量	类型	描述
1	public static final int LEFT	常量	标签文本左对齐
2	public static final int RIGHT	常量	标签文本右对齐
3	public static final int CENTER	常量	标签文本居中对齐
4	public JLabel ()	构造	创建一个 JLabel 对象
5	public JLabel (String text)	构造	创建一个指定文本内容的 JLabel 对象，默认左对齐
6	public JLabel (String text, int Alignment)	构造	创建一个指定文本内容和对齐方式的 JLabel 对象
7	public JLabel (String text, Icon icon, int horizontalAlignment)	构造	创建具有指定文本、图像和水平对齐方式的 JLabel 对象
8	public void setText (String text)	普通	设置标签的文本
9	public String getText ()	普通	取得标签的文本
10	public void setIcon (Icon icon)	普通	设置指定的图像

10.3.2 操作任务 1——观察示例，理解标签组件的应用

```
import java.awt.Component;
import java.awt.Container;
import java.awt.Graphics;
import javax.swing.Icon;
import javax.swing.JFrame;
import javax.swing.JLabel;
import javax.swing.SwingConstants;
```

```
public class DrawIcon implements Icon {  //实现 Icon 接口
    private int width;    //声明图标的宽
    private int height;   //声明图标的长
    public DrawIcon (int width, int height) {  //定义构造方法
        this.width = width;
        this.height = height;
    }
    public DrawIcon () {     //空构造方法
    }
    //实现 paintIcon () 方法
    @Override
    public void paintIcon (Component c, Graphics g, int x, int y) {
        g.fillOval (x, y, width, height);    //绘制一个圆形
    }
    @Override
    public int getIconWidth () {  //实现 getIconWidth () 方法
        return this.width;
    }
    @Override
    public int getIconHeight () {  //实现 getIconHeight () 方法
        return this.height;
    }
    public static void main (String [] args) {
        DrawIcon icon = new DrawIcon (15, 15);
        //创建一个标签，并设置标签上的文字在标签正中间
        JLabel jl = new JLabel ("测试", icon, SwingConstants.CENTER);
        JFrame jf = new JFrame ("窗口");
        Container c = jf.getContentPane ();
        c.add (jl);
        jf.setSize (500, 500);
        jf.setLocationRelativeTo (jf);
        jf.setVisible (true);
    }
}
```

程序的运行结果如图 10-1 所示。

图 10-1 程序运行结果

程序分析如下。

由于 Drawlcon 类继承了 Icon 接口，所以在该类中必须实现 Icon 接口中定义的所有方法，其中在实现 paintIcon () 方法中使用 Graphics 类中的方法绘制一个圆形的图标，其余实现接口的方法为返回图标长与宽。

10.4 学习按钮组件 JButton

10.4.1 阅读任务——按钮组件

JButton 组件表示一个普通的按钮，使用此类可以直接在窗体中增加一个按钮。JButton 类常用的方法见表 10-3。

表 10-3 JButton 类常用方法

序号	方法	描述
1	public JButton ()	构造一个 JButton 对象
2	public JButton (String text)	创建一个带文本的按钮
3	public JButton (Icon icon)	创建一个带图标的按钮
4	public JButton (String text, Icon icon)	创建带初始文本和图标的按钮
5	public void setMnemonic (int mnemonic)	设置按钮的快捷键
6	public void setText (String text)	设置 JButton 的显示内容

JButton组件只是在按下和释放两个状态之间进行切换，可以通过捕获按下并释放的动作执行一些操作，从而完成和用户的交互。

10.4.2 操作任务——观察示例，创建一个按钮

```
import javax. swing. ButtonGroup;
import javax. swing. JFrame;
import javax. swing. JLabel;
import javax. swing. JRadioButton;
public class JRadioButton _ Example extends JFrame { // 继承窗体类 JFrame
public static void main (String args []) {
JRadioButton _ Example frame = new JRadioButton _ Example ();
frame. setVisible (true); // 设置窗体可见，默认为不可见
}
public JRadioButton _ Example () {
super (); // 继承父类的构造方法
setTitle ("单选按钮组件示例"); // 设置窗体的标题
setBounds (100, 100, 500, 375); // 设置窗体的显示位置及大小
getContentPane () . setLayout (null); // 设置为不采用任何布局管理器
setDefaultCloseOperation (JFrame. EXIT _ ON _ CLOSE); // 设置窗体关闭按钮的动作
为退出
final JLabel label = new JLabel (); // 创建标签对象
label. setText ("性别:"); // 设置标签文本
label. setBounds (10, 10, 46, 15); // 设置标签的显示位置及大小
getContentPane () . add (label); // 将标签添加到窗体中
ButtonGroup buttonGroup = new ButtonGroup (); // 创建按钮组对象
final JRadioButton manRadioButton = new JRadioButton (); // 创建单选按钮对象
buttonGroup. add (manRadioButton); // 将单选按钮添加到按钮组中
manRadioButton. setSelected (true); // 设置单选按钮默认为被选中
manRadioButton. setText ("男"); // 设置单选按钮的文本
manRadioButton. setBounds (62, 6, 46, 23); // 设置单选按钮的显示位置及大小
getContentPane () . add (manRadioButton); // 将单选按钮添加到窗体中
final JRadioButton womanRadioButton = new JRadioButton ();
buttonGroup. add (womanRadioButton);
womanRadioButton. setText ("女");
womanRadioButton. setBounds (114, 6, 46, 23);
getContentPane () . add (womanRadioButton);
}
}
```

程序的运行结果如图 10-2 所示。

图 10-2 单选按钮组

从上述案例中的代码可以得到如图 10-2 所示的单选按钮组。在默认情况下，标签文本为“男”的单选按钮被选中，当用户选中标签文本为“女”的单选按钮时，按钮组将自动取消标签文本为“男”的单选按钮的选中状态。

10.5 学习 JPanel 容器

10.5.1 阅读任务——JPanel 容器

JPanel 容器是一种常用的容器，可以使用 JPanel 完成各种复杂的界面显示。在 JPanel 中可以加入任意的组件，之后直接将 JPanel 容器加入到 JFrame 容器中即可显示。

下面的示例演示了 JPanel 容器的基本使用。

```
import j ava. awt. Color;
import java. awt. Container;
import javax. swing. JFrame;
import javax. swing. JPanel;
public class JPanelDemo {
Public static void main (String [] args) {
    JFrame myjFrame = new JFrame ();        //实例化一个 JFrame
    myjFrame. setTitle ("面板实例");        //设置 JFrame 标题
    myjFrame. setSize (300, 200);        //设置 JFrame 大小
    Container contentPane = myjFrame. getContentPane ();     //得到 JFrame 的内容
面板
JPanel myjPanel = new JPanel ();        //实例化一个 JPanel
    myjPanel. setBackground (Color. BLUE);        //给 JPanel 设置背景颜色
    contentPane. add (myjPanel);        //将 JPanel 加入到 JFrame 的内
    容面板
    myjFrame. setVisible (true);        //使 JFrame 变为可见
  }
```

```
}
```

程序的运行结果如图 10-3 所示。

图 10-3 程序运行结果

10.6 学习布局管理器

10.6.1 阅读任务 1——布局管理器

每个容器都有自己的布局管理器，用来对容器内的组件进行定位、设置大小和排列顺序等。使用布局管理器是为了使生成的图形用户界面具有良好的平台无关性。所以建议使用布局管理器来管理容器内组件的布局和大小。不同的布局管理器使用不同算法和策略，容器可以通过选择不同的布局管理器来决定布局。布局管理器主要包括：FlowLayout、BorderLayout、GridLayout、CardLayout。而前面使用的 setBound（int x，int y，int width，int height）是通过设置绝对坐标的方式完成的，称为绝对定位。

布局管理器是实现图形用户界面平台无关性的关键。

10.6.2 阅读任务 2——FlowLayout

FlowLayout 属于流式布局管理器，它的布局方式是首先在一行上排列组件，当该行没有足够的空间时，则回行显示。

10.6.3 操作任务 1——观察示例，理解 FlowLayout 设置方法

```
import java.awt.Button;
import java.awt.FlowLayout;
import java.awt.Frame;
/*
 * FlowLayout 是 Panel 默认的布局管理器
 * 是按顺序排列，流水线似的
```

```
*/
public class TestFlowLayout {
public static void main (String [] args) {
Frame f = new Frame ("My Frame");
Button b1 = new Button ("ok");
Button b2 = new Button ("open");
Button b3 = new Button ("close");
f. setBounds (200, 300, 500, 500);
f. setLayout (new FlowLayout ()); // 默认对齐方式居中，水平、垂直间距 5
// f. setLayout (new FlowLayout (FlowLayout. LEFT)); 指定对齐方式
// f. setLayout (new FlowLayout (FlowLayout. RIGHT, 50, 50)); 指定对齐方式和水
平、垂直间距
f. add (b1);
f. add (b2);
f. add (b3);
f. setVisible (true);
}

}
```

10.6.4 阅读任务 3——BorderLayout

边界式的布局，它把一个容器分为东、南、西、北、中五个部分，分别为 BorderLayout. EAST、BorderLayout. SOUTH、BorderLayout. WEST、BorderLayout. NORTH、BorderLayout. CENTER，每个区域只能放置一个组件。若没有指明组件放置的位置，则表明默认的“CENTER”。

各个区域的位置关系如图 10-4 所示。

North		
West	Center	East
Soth		

图 10-4 BorderLayout 布局管理器

边界布局是 JWindow、JDialog 和 JFrame 默认的布局管理器。

BorderLayout 常用构造函数如下：

```
public  BorderLayout (); //组件的垂直和水平间隔为 0
public BorderLayout ( int  hgap,  int  vgap); //生成指定行间距和列间距的
BorderLay. out 布局管理器
```

10.6.5 操作任务2——观察示例，理解BorderLayout管理器的使用方法

步骤1：建立文件BorderLayoutDemo12 _ 7.java，完成以下程序

```
import java.awt.BorderLayout;
import javax.swing.JButton;
import javax.swing.JFrame;
public class BorderLayoutDemo {
  public static void main (String [] args) {
    JFrame f = new JFrame ("BorderLayout示例"); // 实例化窗体对象
    // 设置窗体的布局管理器为BorderLayout，所有组件水平和垂直间距为3
    f.setLayout (new BorderLayout (3, 3));
    f.add (new JButton ("东 (EAST)"), BorderLayout.EAST);
    f.add (new JButton ("西 (WEST)"), BorderLayout.WEST);
    f.add (new JButton ("南 (SOUTH)"), BorderLayout.SOUTH);
    f.add (new JButton ("北 (NORTH)"), BorderLayout.NORTH);
    f.add (new JButton ("中 (CENTER)"), BorderLayout.CENTER);
    f.pack (); // 根据组件自动调整窗体大小
    f.setSize (300, 160); // 设置大小
    f.setLocation (300, 200); // 设置窗体的显示位置
    f.setVisible (true); // 让组件显示
    //设置关闭按钮关闭窗体
    f.setDefaultCloseOperation (JFrame.EXIT _ ON _ CLOSE);
  }
}
```

步骤2：运行程序，观察结果

程序的运行结果如图10-5所示。

图10-5 文件BorderLayoutDemo12 _ 7.java运行结果

10.6.6 阅读任务4——GridLayout

GridLayout称为网格布局管理器，它的布局方式是将容器区域划分为一个矩形网格（区域），其组件按行和列排列，每个组件占一格。它是以表格的形式进行管理的，在使用

此布局管理器时必须设置显示的行数和列数。

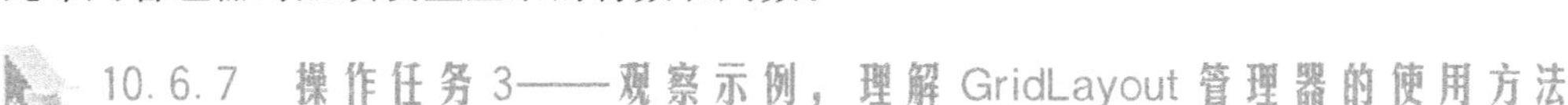

10.6.7 操作任务3——观察示例，理解GridLayout管理器的使用方法

```
import java.awt.Container;
import java.awt.GridLayout;
import javax.swing.JButton;
import javax.swing.JFrame;
public class GridLayout_Example extends JFrame { // 继承窗体类 JFrame
public static void main (String args []) {
GridLayout_Example frame = new GridLayout_Example ();
frame.setVisible (true); // 设置窗体可见，默认为不可见
}
public GridLayout_Example () {
super (); // 继承父类的构造方法
setTitle ("网格布局管理器示例"); // 设置窗体的标题
setBounds (100, 100, 500, 375); // 设置窗体的显示位置及大小
getContentPane () .setLayout (null); // 设置为不采用任何布局管理器
setDefaultCloseOperation (JFrame.EXIT_ON_CLOSE); // 设置窗体关闭按钮的动作
为退出
final GridLayout gridLayout = new GridLayout (4, 0); // 创建网格布局管理器对象
gridLayout.setHgap (10); // 设置组件的水平间距
gridLayout.setVgap (10); // 设置组件的垂直间距
Container panel = getContentPane (); // 获得容器对象
panel.setLayout (gridLayout); // 设置容器采用网格布局管理器
String [] [] names = { { "1", "2", "3", "+" }, { "4", "5", "6", "-" }, { "7",
"8", "9", "*" }, { ".", "0", "=", "/" } };
JButton [] [] buttons = new JButton [4] [4];
for (int row = 0; row < names.length; row++) {
for (int col = 0; col < names.length; col++) {
buttons [row] [col] = new JButton (names [row] [col]); // 创建按钮对象
panel.add (buttons [row] [col]); // 将按钮添加到面板中
}
}
```

程序的运行结果如图 10-6 所示。

图 10-6 文件 GridLayoutDemo12 _ 8. java 运行结果

10. 6. 8 阅读任务 5——CardLayout

CardLayout 是将一组组件彼此重叠地进行布局，就像一张张卡片一样，这样每次只会展现一个界面。所以 CardLayout 布局管理器需要有用于翻转的方法。

10. 6. 9 操作任务 4——观察示例，理解 CardLayout 管理器的使用

步骤 1：建立文件 CardLayoutDemo12 _ 9. java，完成以下程序

```
import java. awt. CardLayout;
import java. awt. Container;
import javax. swing. JFrame;
import javax. swing. JLabel;
public class CardLayoutDemo {
  public static void main (String [] args) {
    JFrame f = new JFrame ("CardLayout 示例"); // 实例化窗体对象
    Container c = f. getContentPane (); // 取得窗体容器
    CardLayout card = new CardLayout (); // 定义布局管理器
    f. setLayout (card); // 设置布局管理器
    c. add (new JLabel ("First", JLabel. CENTER),"first");
    c. add (new JLabel ("Second", JLabel. CENTER),"second");
    c. add (new JLabel ("Third", JLabel. CENTER),"third");
    f. pack (); // 根据组件自动调整窗体大小
    f. setSize (130, 100); // 设置大小
    f. setLocation (300, 200); // 设置窗体的显示位置
    f. setVisible (true); // 让组件显示
    card. show (c, "second"); // 显示第 2 张卡片
    for (int i = 0; i < 3; i+ +) {
  try {
        Thread. sleep (3000); // 加入显示延迟
  }
  catch (InterruptedException e) {
        e. getStackTrace ();
```

```
            }
            card. next (c); // 从容器中取出组件
        }
        //设置关闭按钮关闭窗体
        f. setDefaultCloseOperation (JFrame. EXIT_ON_CLOSE);
    }
}
```

步骤 2：运行程序，观察结果

程序的运行结果如图 10-7 所示。

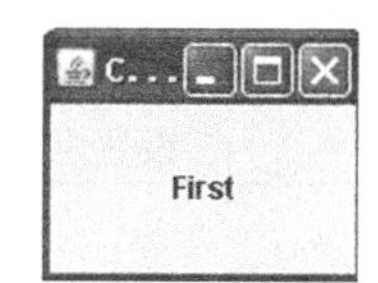

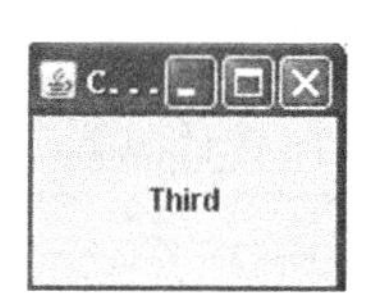

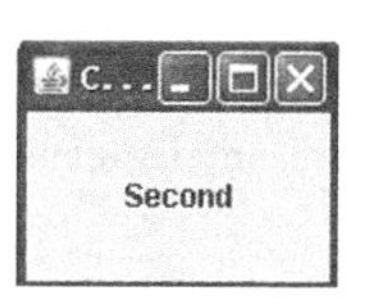

图 10-7 文件 CardLayoutDemo12_9. java 运行结果

在内容显示时首先会显示第 2 张卡片，之后循环显示每一张卡片。

10.7 学习文本组件 JTextComponent

10.7.1 阅读任务 1——文本组件

在 Swing 中提供了 3 类文本输入组件。

(1) 单行文本框：JTextField。

(2) 密码文本框：JPasswordField。

(3) 多行文本框：JTextArea。

在开发中 JTextComponent 组件的常用方法见表 10-4。

表 10-4 JTextComponent 常用方法

序号	方法	描述
1	public String getText ()	返回文本框的所有内容
2	public String getSelectedText ()	返回文本框中选定的内容
3	public int getSelectionStart ()	返回选定文本的起始位置
4	public int getSelectionEnd ()	返回选定文本的结束位置
5	public void selectAll ()	选择此文本框的所有内容
6	public void setText (String t)	设置此文本框的内容
7	public void select (int selectionStart, int selectionEnd)	将指定范围内的内容选定
8	public void setEditable (boolean b)	设置此文本框是否可编辑

 10.7.2 阅读任务2——单行文本框JTextField

JTextField组件实现一个文本框，用来接收用户输入的单行文本信息。可以设置默认文本、设置文本长度、设置文本的字体和格式等。常用的方法见表12-5。

表12-5 JTextField常用方法

序号	方法	描述
1	public JTextField ()	构造默认的文本框
2	public JTextField (String text)	构造指定文本内容长度文本框
3	public JTextField (int columns)	设置文本框内容的长度
4	public JTextField (String text, int columns)	构造指定文本内容并设置长度
5	public void setFont (Font f)	设置文本框文本的字体
6	public void setHorizontalAlignment (int alignment)	设置文本的水平对齐方式

 10.7.3 操作任务1——观察示例，理解文本框的使用方法

```
import java.awt.Container;
import javax.swing.JFrame;
import javax.swing.JTextField;
public class JTextFieldDemo {
public static void main (String [] args) {
  JFrame myjFrame = new JFrame ();        //实例化一个JFrame
  myjFrame.setTitle ("文本行实例");        //设置JFrame标题
  myjFrame.setSize (300, 200);        //设置JFrame大小
  Container contentPane = myjFrame.getContentPane (); //得到JFrame的内容面板
  //实例化一个JTextField，默认文字为"我是一个文本行"
  JTextField myjTextField = new JTextField ("我是一个文本行");
  contentPane.add (myjTextField);        //将JTextField加入到JFrame的内容面板
    myjFrame.setVisible ( true);        //使JFrame变为可见
  }
}
```

程序的运行结果如图10-8所示。

图10-8 运行结果

10.7.4 阅读任务3——密码文本框 JPasswordField

JPasswordField 组件用来实现一个密码框，接收用户输入的单行文本信息，但是并不显示用户输入的真实信息，而是通过显示一个指定的回显字符作为占位符。新创建密码框的默认回显字符为“*”，可以通过 setEchoChar（char c）方法修改回显字符，如将回显字符修改为“#”。常用方法见表 10-6。

表 10-6 JPasswordField 常用方法

序号	方法	描述
1	setEchoChar（char c）	设置回显字符为指定字符
2	getEchoChar（）	获得回显字符，返回值为 char 型
3	echoCharIsSet（）	查看是否已经设置了回显字符，如果设置了则返回 true，否则返回 false
4	getPassword（）	获得用户输入的文本信息，返回值为 char 型数组

10.7.5 操作任务2——观察示例，理解设置回显字符的方法

步骤 1：建立文件 JPasswordFieldDemo12 _ 11. java，完成以下程序

```
import javax. swing. JFrame;
import javax. swing. JLabel;
import javax. swing. JPasswordField;
public class JPasswordFieldDemo {
  public static void main (String [] args) {
    JFrame f = new JFrame ("JPasswordField示例"); // 实例化窗体对象
    JPasswordField pw1 = new JPasswordField (); // 定义密码文本框
    JPasswordField pw2 = new JPasswordField (); // 定义密码文本框
    pw2. setEchoChar ('#'); // 设置回显字符“#”
    JLabel lb1 = new JLabel ("默认回显:"); // 创建标签对象
    JLabel lb2 = new JLabel ("回显设置#:"); // 创建标签对象
    lb1. setBounds (10, 10, 100, 20); // 设置组件位置及大小
    lb2. setBounds (10, 40, 100, 20); // 设置组件位置及大小
    pw1. setBounds (110, 10, 80, 20); // 设置组件位置及大小
   pw2. setBounds (110, 40, 50, 20); // 设置组件位置及大小
    f. setLayout (null); // 使用绝对定位
    f. add (lb1); // 向容器中增加组件
    f. add (lb2); // 向容器中增加组件
    f. add (pw1); // 向容器中增加组件
    f. add (pw2); // 向容器中增加组件
```

```
        f.pack (); // 根据组件自动调整窗体大小
        f.setSize (300, 100); // 设置大小
        f.setLocation (300, 200); // 设置窗体的显示位置
        f.setVisible (true); // 让组件显示
        //设置关闭按钮关闭窗体
        f.setDefaultCloseOperation (JFrame.EXIT_ON_CLOSE);
    }
}
```

步骤 2：运行程序，观察结果

程序的运行结果如图 10-9 所示。

图 10-9　文件 JPasswordFieldDemo12_11.java 运行结果

10.7.6　阅读任务 4——多行文本框 JTextArea

JTextArea 组件实现多行文本的输入，也称文本域。在创建文本域时，可以设置是否可以自动换行，默认为 false。如果一个文本域太大，则肯定会使用滚动条显示，此时需要将文本域设置在带滚动条的面板中，使用 JScrollPane，分为水平滚动条和垂直滚动条。水平滚动条是根据需要来显示的，而垂直滚动条将始终显示，下面的示例中读者可以自由改变窗体的大小观察滚动条的显示情况。JTextArea 常用的方法见表 10-7。

表 10-7　JTextArea 的常用方法

序号	方法	描述
1	public JTextArea ()	构造文本域，行数和列数为 0
2	public JTextArea (int rows, int columns)	构造文本域，指定行数和列数
3	public JTextArea (String text, int rows, int columns)	指定文本域的内容、行数和列数
4	public void append (String str)	在文本域中追加内容
5	public void insert (String str, int pos)	在指定位置插入文本
6	public void setLineWrap (boolean wrap)	设置换行策略

10.8 学习事件处理

10.8.1 阅读任务1——事件及其处理方法

一个图形界面制作完成后，要想让每一个组件都发挥自己的作用，就必须对所有的组件进行事件处理，才能实现软件与用户的交互。常用的事件有窗体事件、动作事件、焦点事件、鼠标事件和键盘事件。在 Swing 编程中，依然使用最早的 AWT 事件处理方式。下面先了解事件和监听器的概念。

10.8.2 阅读任务2——事件和监听器

事件就是表示一个对象发生状态变化。例如，每当一个按钮按下时，实际上按钮的状态就发生了变化，那么此时就会产生一个事件，而如果要想处理此事件，就需要事件的监听者不断地监听事件的变化，并根据这些事件进行相应的处理。Swing 使用的是基于代理的事件模型。

基于代理（授权）的事件模型：事件处理是一个事件源授权到一个或者多个事件监听器。其基本原理是组件激发事件，事件监听器监听和处理事件，可以调用组件的 add<EventType>Listener 方法向组件注册监听器。将其加入到组件以后，如果组件激发了相应类型的事件，那么定义在监听器中的事件处理方法会被调用。

此模型主要由以下 3 种对象为中心组成。

(1) 事件源：由它来激发产生事件，是产生或抛出事件的对象。

(2) 事件监听器：由它来处理事件，实现某个特定的 EventListener 接口，此接口定义了一种或多种方法，事件源调用它们以响应该接口所处理的每一种特定事件类型。

(3) 事件：具体的事件类型，事件类型封装在以 java. util. EventObject 为根的类层次中。当事件发生时，事件记录发生的一切事件，并从事件源传播到监听器对象。

事件的体系结构如图 10-10 所示。

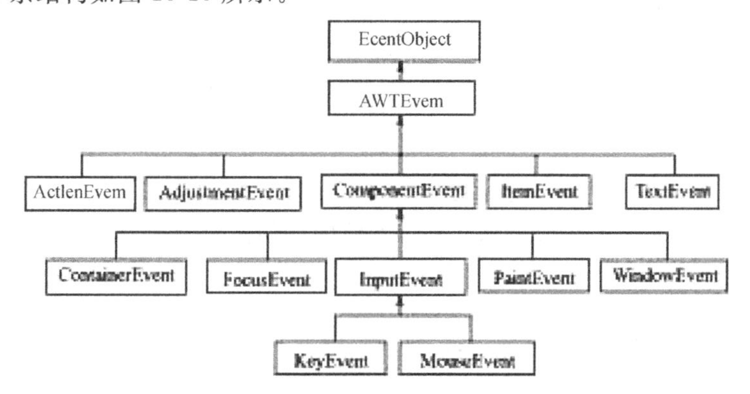

图 10-10 事件的体系结构

事件的处理流程如图 10-11 所示。

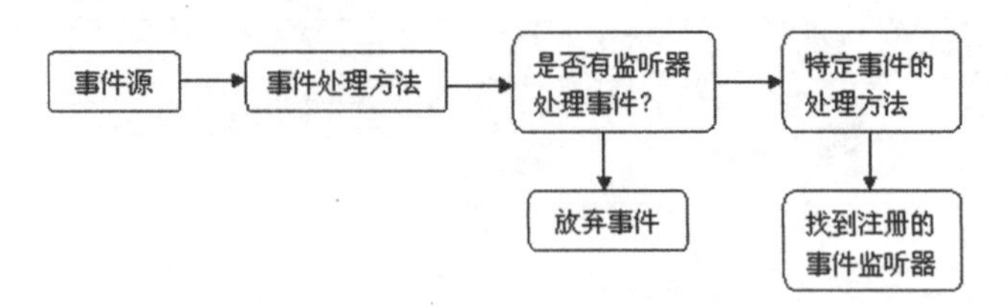

图 10-11 Java 事件处理流

常用的事件类型见表 10-8。

表 10-8 Java 的事件类型及说明

事件类	说明	事件源
WindowEvent	当一个窗口激活、关闭、失效、恢复、最小化、打开或退出时会生成此事件	Windows
ActionEvent	通常按下按钮，双击列表项或选中一个菜单项时，就会生成此事件	Button、MenuItem、TextField、List
AdjustmentEvent	操纵滚动条时会生成此事件	Scrollbar
ComponentEvent	当一个组件移动、隐藏、调整大小或成为可见时会生成此事件	Component
ItemEvent	单击复选框或列表项时，或者当一个选择框或一个可选菜单项被选择或取消时生成此事件	Checkbox、Choice List、CheckboxMenuItem
FocusEvent	组件获得或失去焦点时会生成此事件	Component
KeyEvent	接收到键盘输入时会生成此事件	Component
MouseEvent	拖动、移动、单击、按下或释放鼠标或在鼠标进入或退出一个组件时生成此事件	Component
ContainerEvent	将组件添加至容器或从中删除时会生成此事件	Container
TextEvent	在文本框或文本域的文本改变时会生成此事件	TextField、TextArea

监听器通过实现 java. awt. event 包中定义的一个或多个接口来创建。在发生事件时，事件源将调用监听器定义的相应方法。接收事件的任何监听器类都必须实现监听器接口。监听器接口见表 10-9。

表 10-9 Java 的监听器接口列表

序号	方法	描述
1	ActionListener	定义了一个接收动作事件的方法
2	AdjustmentListener	定义了一个接收调整事件的方法
3	LornponentListener	定义了四个方法来识别何时隐藏、移动、改变大小、显示组件
4	ContainerListener	定义了两个方法来识别何时从容器中加入或移除组件
5	FocusListener	定义了两个方法来识别何时组件获得或失去焦点
6	ItemListener	定义了一个方法来识别何时项目状态改变
7	KeyListener	定义了三个方法来识别何时键按下、释放和键入字符事件
8	mouseListener	定义了五个方法来识别何时鼠标单击、进入/离开组件、按下/释放事件
9	mouseMotionListener	定义了两个方法来识别何时鼠标拖动和移动
10	TextListener	定义了一个方法来识别何时文本值改变
11	Windowl _ istencr	定义了七个方法来识别何时窗口激动、关闭、失效、最小化、还原、打开和退出

下面分别介绍 Java 的事件。

10.8.3 阅读任务3——窗体事件

WindowListener 是专门处理窗体的时间监听器接口，一个窗体的所有变化，如窗口的打开、关闭等都可以使用这个接口进行监听。此接口定义的方法见表 10-10。

表 10-10 WindowListener 接口的方法

序号	方法	描述
1	void windowOpened (WindowEvent e)	窗口打开时触发
2	void windowClosing (WindowEvent e)	当窗口正在关闭时触发
3	void windowClosed (WindowEvent e)	当窗口被关闭时触发
4	void windowIconified (WindowEvent e)	窗口最小化时触发
5	void windowDeiconified (WindowEvent e)	窗口从最小化恢复到正常状态时触发
6	void windowActivated (WindowEvent e)	窗口变为活动窗口时触发
7	void windowDeactivated (WindowEvent e)	将窗口变为不活动的窗口时触发

10.8.4 操作任务1——观察示例，实现 WindowListener 接口

步骤 1：建立文件 MyWindowEventJFrameDemo12 _ 13. java，完成以下程序

```
import java.awt.event.WindowEvent;
import java.awt.event.WindowListener;
public class MyWindowEventHandle implements WindowListener {
  public void windowActivated (WindowEvent e) {
    System.out.println ("windowActivated = = = 窗口被选中!");
  }
  public void windowClosed (WindowEvent e) {
    System.out.println ("windowClosed = = = 窗口被关闭!");
  }
  public void windowClosing (WindowEvent e) {
    System.out.println ("windowClosing = = = 窗口关闭!");
  }
  public void windowDeactivated (WindowEvent e) {
    System.out.println ("windowDeactivated = = = 取消窗口选中!");
  }
  public void windowDeiconified (WindowEvent e) {
    System.out.println ("windowDeiconified = = = 窗口从最小化恢复!");
  }
  public void windowIconified (WindowEvent e) {
    System.out.println ("windowIconified = = = 窗口最小化!");
  }
  public void windowOpened (WindowEvent e) {
    System.out.println ("windowOpened = = = 窗口被打开!");
  }
}
```

步骤 2：修改程序

单单只有一个监听器是不够的，还需要在组件使用时注册监听，这样才可以处理，直接使用窗体的 addWindowListener（监听对象）方法即可注册事件监听，如下面的示例所示。

```
import java.awt.Color;
import javax.swing.JFrame;
public class MyWindowEventJFrameDemo {
  public static void main (String [] args) {
    JFrame f = new JFrame ("WindowListener 示例"); // 实例化窗体对象
    // 将此窗体加入到一个窗口事件监听器中，监听器就可以根据事件进行处理
    f.addWindowListener (new MyWindowEventHandle ());
    f.setSize (300, 160); // 设置组件大小
```

```
        f. setBackground (Color. WHITE); // 设置窗体的背景颜色
        f. setLocation (300, 200); // 设置窗体的显示位置
        f. setVisible (true); //让组件显示
    }
}
```

步骤 3：运行程序

程序运行后会显示一个窗体，对窗体进行状态的改变，则在后台会打印如图 10-12 所示的信息。一般在关闭监听 windowClosing 中编写 System. exit (1) 语句，这样关闭按钮就真正起作用，可以让程序正常结束并退出。

步骤 4：

上面的示例在实现 WindowListener 接口时要实现接口的所有方法，但是，这些方法在开发中并不一定都要用到，那么就没有必要覆写那么多的方法，而只需根据个人需要来进行覆写，Java 在实现类和接口之间增加了一个过渡的抽象类，子类继承抽象类就可以根据自己的需要进行方法的覆写，方便用户进行事件处理的实现。这个子类称为适配器 Adapter 类。WindowListener 接口的适配器类是 WindowAdapter。

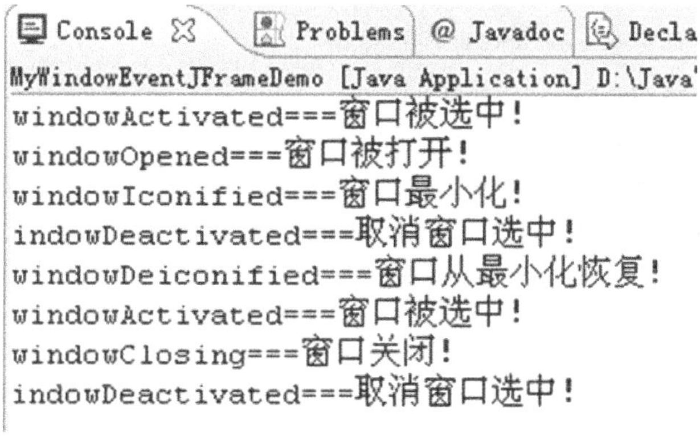

```
Console ⊠   Problems   @ Javadoc   Decla
MyWindowEventJFrameDemo [Java Application] D:\Java'
windowActivated===窗口被选中!
windowOpened===窗口被打开!
windowIconified===窗口最小化!
indowDeactivated===取消窗口选中!
windowDeiconified===窗口从最小化恢复!
windowActivated===窗口被选中!
windowClosing===窗口关闭!
indowDeactivated===取消窗口选中!
```

图 10-12 文件 MyWindowEventJFrameDemo12 _ 13. java 运行结果，监听窗体状态的改变

10.8.5 阅读任务 4——动作事件及监听处理

动作事件由 ActionEvent 类捕获，最常用的是当单击按钮后将发出动作事件，可以通过实现 ActionListener 接口处理相应的动作事件。

ActionList. ener 接口只有一个抽象方法，将在动作发生后被触发，如单击按钮之后，ActionListener 接口的具体定义如下：

```
public interface ActionListener extends Evends EventListener {
  Public void actionPerformed (ActionEvent e);
}
```

ActionEVent 类中有以下两个比较常用的方法。

(1) getSource ()：用来获得触发此次事件的组件对象，返回值类型为 Object。

(2) getActionCommand ()：用来获得与当前动作相关的命令字符串，返回值类型为 string。

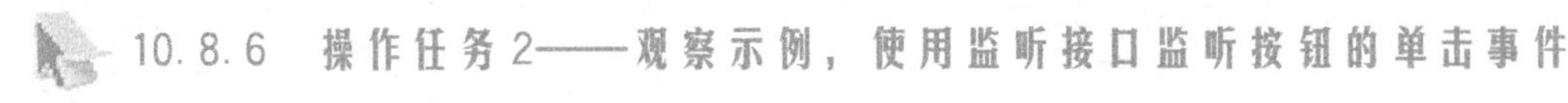

10.8.6 操作任务2——观察示例，使用监听接口监听按钮的单击事件

步骤1：建立文件 ActionEventDemo12 _ 14.java，完成以下程序

```
import java.awt.BorderLayout;
import java.awt.event.ActionEvent;
import java.awt.event.ActionListener;
import javax.swing.JButton;
import javax.swing.JFrame;
import javax.swing.JLabel;
public class ActionEventDemo {
  private JLabel lb; // 声明一个标签对象，用于显示提示信息
  private JButton b; // 声明一个按钮对象
  ActionEventDemo () {
    JFrame f = new JFrame ("演示");
    lb = new JLabel ("欢迎登录!");
    lb.setHorizontalAlignment (JLabel.CENTER);
    b = new JButton ("登录");
b.addActionListener (new ActionListener () {
      public void actionPerformed (ActionEvent e) {
        JButton button = (JButton) e.getSource ();
        String buttonName = e.getActionCommand ();
        if (buttonName.equals ("登录")) {
          lb.setText ("您已经成功登录!");
          button.setText ("退出");
        }
       else {
          lb.setText ("您已经安全退出!");
          button.setText ("登录");
        }
      }
    });
  f.add (lb);
  f.add (b, BorderLayout.SOUTH);
  f.setBounds (100, 100, 230, 120);
  f.setLocation (100, 80);
```

```
    f. setVisible (true);
    f. setDefaultCloseOperation (JFrame. EXIT _ ON _ CLOSE);
    }
    public static void main (String [] args) {
      new ActionEventDemo ();
    }
}
```

步骤 2：运行程序，观察结果

程序的运行结果如图 10-13 所示。

初次运行时的效果

单击“登录”按钮后

单击“退出”按钮后

图 10-13 文件 ActionEventDemo12 _ 14. java 运行结果，监听按钮的单击事件

12. 8. 7 阅读任务 5——键盘事件及监听处理

键盘事件由 KeyEvent 类捕获，最常用的是当向文本框输入内容时将触发键盘事件，可以通过 KeyListener 接口处理相应的键盘事件。有 3 个抽象方法，具体定义如下：

```
public interface KeyListener extends EventListener
{
  // 输入某个键时调用
  public void keyTyped (KeyEvent e);
  // 键盘按下时调用
  public void keyPressed (KeyEvent e);
  // 键盘松开时调用
  public void keyReleased (KeyEvent e);
}
```

如果要取得键盘输入的内容，则可以通过 KeyEvent 取得。此类的常用方法见表 12-12。

表 10-12 KeyEvent 事件的常用方法

序号	方法	描述
1	public char getKeyChar ()	返回输入的字符，只针对 keyTyped 有意义
2	public void setKeyChar (char keyChar)	返回输入字符的键码
3	public static String getKeyText (int keyCode)	返回此键的信息，如“F3”“A”等

10.8.8 操作任务3——观察示例，使用KeyAdapter适配器完成键盘事件的监听

```
package com.beyole.util;
import java.awt.event.KeyEvent;
import java.awt.event.KeyListener;
import java.awt.event.WindowAdapter;
import java.awt.event.WindowEvent;
import javax.swing.JFrame;
import javax.swing.JScrollPane;
import javax.swing.JTextArea;
class MyKeyHandle extends JFrame implements KeyListener {
private JTextArea text = new JTextArea ();
public MyKeyHandle () {
super.setTitle ("Crystal");
JScrollPane pane = new JScrollPane (text); // 加入滚动条
pane.setBounds (5, 5, 300, 200);
super.add (pane); // 像窗体加入组件
text.addKeyListener (this); // 加入key监听
super.setSize (310, 210); // 设置窗体
super.setVisible (true); // 显示窗体
super.addWindowListener (new WindowAdapter () {
public void windowClosing (WindowEvent arg0) {
System.exit (1); // 系统退出
}
});
}
public void keyPressed (KeyEvent e) {
text.append ("键盘" + KeyEvent.getKeyText (e.getKeyCode ()) + "键向下\n");
}
public void keyReleased (KeyEvent e) {
text.append ("键盘" + KeyEvent.getKeyText (e.getKeyCode ()) + "键松开\n");
}
public void keyTyped (KeyEvent e) {
text.append ("输入的内容是" + e.getKeyChar () + "\n");
}
}
public class MyKeyEventDemo {
public static void main (String [] args) {
```

```
new MyKeyHandle ();
}
}
```

程序的运行结果如图 10-14 所示。

图 10-14 程序运行结果

10.8.9 阅读任务 6——鼠标事件及监听处理

鼠标事件由 MouseEvent 类捕获，所有的组件都能产生鼠标事件，可以通过实现 MouseListener 接口处理相应的鼠标事件。

MouseListener 接口有 5 个抽象方法，具体定义如下：

```
public interface MouseListener extends EventListener
{
  // 鼠标单击时调用（按下并释放）
  public void mouseClicked (MouseEvent e);
  // 鼠标按下时调用
  public void mousePressed (MouseEvent e);
  // 鼠标释放时调用
  public void mouseReleased (MouseEvent e);
  // 鼠标进入到组件时调用
  public void mouseEntered (MouseEvent e);
  // 鼠标离开组件时调用
  public void mouseExited (MouseEvent e);
}
```

在每个事件触发后都会产生 MouseEvent 事件，此事件可以得到鼠标的相关操作。MouseEvent 类的常用方法见表 10-13。

表 10-13 MouseEvent 事件的常用方法及常量

序号	方法及常量	类型	描述
1	public static final int BUTTON1	常量	表示鼠标左键的常量
2	public static final int BUTTON2	常量	表示鼠标滚轴的常量
3	public static final int BUTTON3	常量	表示鼠标右键的常量
4	public int getButton ()	普通	以数字形式返回按下的鼠标键
5	public int getClickCount ()	普通	返回鼠标的单击次数

10.8.10 操作任务3——观察示例，使用MouseAdapter适配器完成鼠标事件的监听

```
import java.awt.Color;
import java.awt.Frame;
import java.awt.Label;
import java.awt.TextField;
import java.awt.event.MouseEvent;
import java.awt.event.MouseListener;
import java.awt.event.MouseMotionListener;
import java.awt.event.WindowAdapter;
import java.awt.event.WindowEvent;
public class test implements MouseMotionListener, MouseListener {
    Frame f = new Frame ("关于鼠标的多重监听器"); //窗体
    TextField tf = new TextField (30); //文本框
    public test () {//构造方法
        Label label = new Label ("请按下鼠标左键并拖动"); //标签的功能只是显
示文本，不能动态地编辑文本
        f.add (label,"North");
        f.add (tf,"South");
        f.setBackground (new Color (180, 255, 255));
        f.addMouseListener (this); //添加一个鼠标监听
        f.addMouseMotionListener (this);
        f.addWindowListener (new WindowAdapter () {//添加一个窗口监听
            public void windowClosing (WindowEvent e) {//窗口关闭事件
                System.exit (0);
            }
        });
        f.setSize (300, 200);
        f.setLocation (400, 250); //设置窗体位置
```

```
        f. setVisible (true);
    }
    public void mouseClicked (MouseEvent e) {
        System. out. println ("鼠标点击 - - - "  + "\ t");
        if (e. getClickCount ()  = = 1) {
            System. out. println (" 单击");
        } else if (e. getClickCount ()  = = 2) {
            System. out. println (" 双击");
        } else if (e. getClickCount ()  = = 3) {
            System. out. println (" 三连击");
        }
    }
    public void mousePressed (MouseEvent e) {
        System. out. println ("鼠标按下");
    }
    public void mouseReleased (MouseEvent e) {
        System. out. println ("鼠标松开");
    }
    public void mouseEntered (MouseEvent e) {
        tf. setText ("鼠标已经进入窗体");
    }
    public void mouseExited (MouseEvent e) {
        tf. setText ("鼠标已经移出窗体");
    }
    public void mouseDragged (MouseEvent e) {
                String str = "鼠标所在的坐标: (" + e. getX ()  + "," + e. getY ()
+ ")";
                tf. setText (str);
    }
    public void mouseMoved (MouseEvent e) {
            System. out. println ("鼠标移动了");
  }
                                        }
```

10.8.11 阅读任务7——焦点事件及监听处理

焦点事件由 FocusEvent 类捕获，所有的组件都能产生焦点事件，可以通过实现 FocusListener 接口处理相应的焦点事件。

FocusListener 接口有两个抽象方法，分别在组件获得或失去焦点时被触发，

FocusListener 接口的具体定义如下：

```
public interface FocusListener extends EventListener {
  public void focusGained (FocusEvent e);
  public void focusLost (FocusEvent e);
}
```

FocusEvent 类中比较常用的方法是 getSource ()，用来获得触发此次事件的组件对象，返回值类型为 Object。

10.8.12 操作任务4——观察示例，文本框获得焦点和失去焦点时的事件处理方法

步骤 1：建立文件 FocusEventDemo12 _ 17. java，完成以下程序

```
import java. awt. event. * ;
import javax. swing. * ;
public class FocusEventDemo {
  private JFrame f = new JFrame ("文本框的焦点事件");
  private JLabel lab = new JLabel ("QQ 号码");
  private JTextField text = new JTextField ("请输入 QQ 号码");
  private JLabel lab1 = new JLabel ();
  public FocusEventDemo () {
    f. setLayout (null);
    lab. setBounds (30, 30, 60, 30);
    f. add (lab);
    text. setBounds (100, 30, 100, 30);
text. addFocusListener (new FocusAdapter () {
      public void focusGained (FocusEvent e) {
        // 文本框获得焦点时清空文本框内容。
        lab. setText ("");
      }
      public void focusLost (FocusEvent e) {
        // 文本框失去焦点时在标签中显示文本框内容。
        lab1. setText (lab. getText ());
      }
    });
    f. add (text);
    lab1. setBounds (60, 80, 100, 30);
    f. add (lab1);
    f. setSize (300, 200);
    f. setLocation (300, 200);
```

```
        f.setVisible (true);
        f.setDefaultCloseOperation (JFrame.EXIT_ON_CLOSE);
    }
    public static void main (String [] args) {
        new FocusEventDemo ();
    }
}
```

步骤 2：运行程序，观察结果

程序的运行结果如图 10-15 所示。

图 10-15 文件 FocusEventDemo12_17.java 运行结果

10.9 学习单选按钮组件 JRadioButton

10.9.1 阅读任务——单选按钮组件

JRadioButton 组件是在给出的多个信息中指定选择一个，在 Swing 中可以使用 JRadioButton 组件完成一组单选按钮的操作。用户可以很方便地查看单选按钮的状态。JRadioButton 类可以单独使用，单独使用时，该单选按钮可以选定和取消选定，当与 ButtonGroup 类联合使用时，则组成单选按钮组，此时用户只能选定按钮组中的一个单选按钮，取消选定的操作由 ButtonGroup 类自动完成。

ButtonGroup 类用来创建一个按钮组，按钮组的作用是负责维护该按钮组的“开启”状态，在按钮组中只能有一个按钮处于“开启”状态。按钮组经常用来维护由 JRadioButton、JRadioButtonMenuItem 或 JToggleButton 类型的按钮组成的按钮组。ButtonGroup 类提供的常用方法见表 10-14。

表 10-14 ButtonGroup 类的常用方法

序号	方法	描述
1	public void add (AbstractButton b)	将按钮添加到按钮组中
2	public void remove (AbstractButton b)	从按钮组中移除按钮
3	public int getButtonCount ()	取得按钮组中按钮的个数
4	public Enumeration<AbstractButton> getElements ()	取得按钮组中所有按钮

JRadioButton 类的常用方法见表 10-15。

表 10-15 JRadioButton 类的常用方法

序号	方法	描述
1	public JRadioButton (Icon icon)	创建一个指定图标的单选按钮
2	public JRadioButton (Icon icon, boolean selected)	创建一个指定图标和选择状态的单选按钮
3	public JRadioButton (String text)	创建一个指定文本的单选按钮
4	public JRadioButton (String text, boolean selected)	创建一个指定文本和选择状态的单选按钮
5	public void setIcon (Icon defaultIcon)	设置图片
6	public void setText (String text)	设置显示文本
7	public void setSelected (boolean b)	设置是否选中
8	public boolean isSelected ()	返回是否被选中

10.9.2 操作任务 1——观察示例，理解 JRadioButton 类的使用方法

```
JRadioButton useCache = new JRadioButton ("Use cache"); // 初始化单选框
useCache. setFont (new Font ("Arial", Font. PLAIN, 16)); // 设置字体
JRadioButton noUseCache = new JRadioButton ("No cache used");
noUseCache. setFont (new Font ("Arial", Font. PLAIN, 16));
ButtonGroup bg = new ButtonGroup (); // 初始化按钮组
bg. add (useCache); // 加入按钮组
bg. add (noUseCache); // 加入按钮组
noUseCache. setSelected (true); // 选择
useCache. isSelected (); // 获取 radiobutton 的选择状态
```

效果如图 10-16 所示。

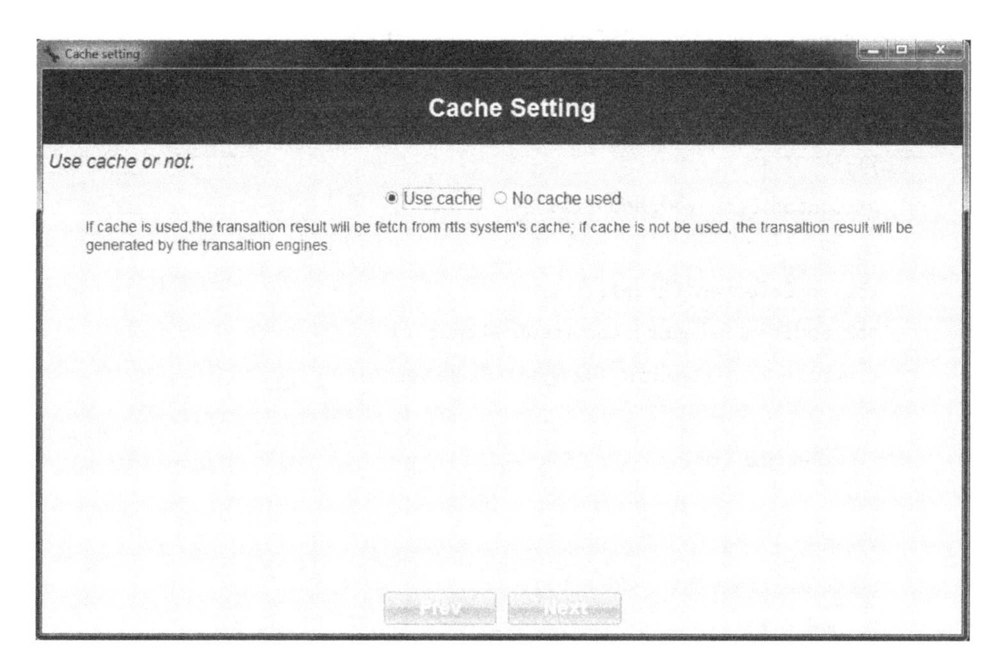

图 10-16 效果图

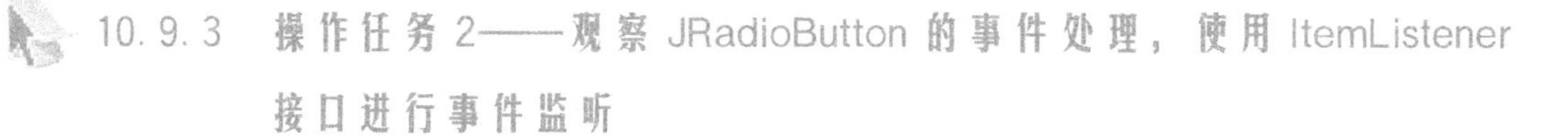

10.9.3 操作任务 2——观察 JRadioButton 的事件处理，使用 ItemListener 接口进行事件监听

步骤 1：建立文件 class JradioButtonDemo12 _ 19. java，完成以下程序

```
import java. awt. * ;
import java. awt. event. * ;
import javax. swing. * ;
public class JradioButtonDemo extends JFrame {
  private JLabel l = new JLabel ("请选择你的职业:");
  private JRadioButton rb1 = new JRadioButton ("公务员");
  private JRadioButton rb2 = new JRadioButton ("教师");
  private JRadioButton rb3 = new JRadioButton ("工人");
  private ButtonGroup bg = new ButtonGroup ();
  private JPanel p = new JPanel ();
  private JLabel l2 = new JLabel ();
  public JRadioButtonDemo () {
    setTitle ("JRadioButton 演示");
    setLayout (new GridLayout (2, 3));
    getContentPane () . add (l);
    bg. add (rb1);
    rb1. addItemListener (new ItemListener () {
```

```
        public void itemStateChanged (ItemEvent e) {
          changed (e);
        }
      });
      getContentPane () . add (rb1);
      bg. add (rb2);
      rb2. setSelected (true);
      rb2. addItemListener (new ItemListener () {
        public void itemStateChanged (ItemEvent e)
         {
          changed (e);
        }
      });
      getContentPane () . add (rb2);
      bg. add (rb3);
      rb3. addItemListener (new ItemListener () {
        public void itemStateChanged (ItemEvent e)
         {
          changed (e);
        }
      });
      getContentPane () . add (rb3);
      getContentPane () . add (l2);
      setBounds (100, 100, 430, 90);
      setLocation (300, 80);
      setVisible (true);
      setDefaultCloseOperation (JFrame. EXIT _ ON _ CLOSE);
    }
    public void changed (ItemEvent e) {
      if (e. getSource () = = rb1)
       {
        l2. setText ("你的职业是公务员!");
  }
  else if (e. getSource () = = rb2) {
            l2. setText ("你的职业是教师!");
          }
          else
           {
```

```
            l2.setText ("你的职业是工人!");
        }
    }
    public static void main (String [] args) {
        new JRadioButtonDemo ();
    }
}
```

步骤 2：运行程序，观察结果

程序的运行结果如图 10-17 所示。

图 10-17　文件 class JradioButtonDemo12 _ 19.java 运行结果

10.10　学习复选框组件 JCheckBox

10.10.1　阅读任务——复选框组件

JCheckBox 组件实现一个复选框，该复选框可以被选定和取消选定，并且可以同时选定多个。用户可以很方便地查看复选框的状态。常用的方法即 JCheckBox 类的构造方法。JCheckBox 和 JRadioButton 的事件处理监听接口是一样的，都是 ItemListener 接口。

10.10.2　操作任务——观察示例，理解复选框的使用及事件处理

```
import javax.swing.JComboBox;
import javax.swing.JFrame;
import javax.swing.JLabel;
public class JComboBox _ Example extends JFrame { // 继承窗体类 JFrame
public static void main (String args []) {
JComboBox _ Example frame = new JComboBox _ Example ();
frame.setVisible (true); // 设置窗体可见，默认为不可见
}
public JComboBox _ Example () {
super (); // 继承父类的构造方法
setTitle ("选择框组件示例"); // 设置窗体的标题
```

```
    setBounds (100, 100, 500, 375); // 设置窗体的显示位置及大小
    getContentPane () .setLayout (null); // 设置为不采用任何布局管理器
    setDefaultCloseOperation (JFrame.EXIT_ON_CLOSE); // 设置窗体关闭按钮的动作为退出
    final JLabel label = new JLabel (); // 创建标签对象
    label.setText ("学历:"); // 设置标签文本
    label.setBounds (10, 10, 46, 15); // 设置标签的显示位置及大小
    getContentPane () .add (label); // 将标签添加到窗体中
    String [] schoolAges = { "本科", "硕士", "博士" }; // 创建选项数组
    JComboBox comboBox = new JComboBox (schoolAges); // 创建选择框对象
    comboBox.setEditable (true); // 设置选择框为可编辑
    comboBox.setMaximumRowCount (3); // 设置选择框弹出时显示选项的最多行数
    comboBox.insertItemAt ("大专", 0); // 在索引为 0 的位置插入一个选项
    comboBox.setSelectedItem ("本科"); // 设置索引为 0 的选项被选中
    comboBox.setBounds (62, 7, 104, 21); // 设置选择框的显示位置及大小
    getContentPane () .add (comboBox); // 将选择框添加到窗体中
    }
```

程序的运行结果如图 10-18 所示。

从上例中的代码，可以得到一个可编辑的选择框，如果没有适合用户的选项，用户可以输入自己的信息。本例设置默认的选中项为“本科”，如图 10-18 所示，如果未设置默认的选中项，默认选中索引为 0 的选项，在本例中为“大专”。图 10-19 中所示的“高中”为用户输入的信息。

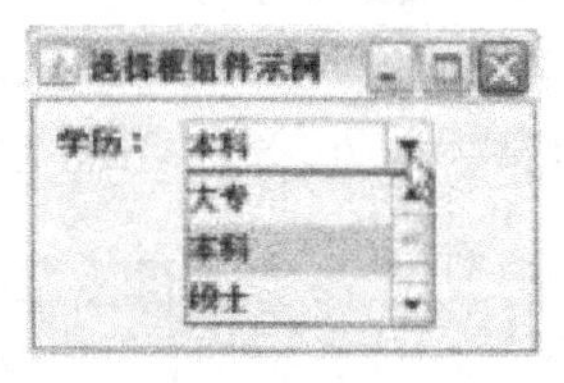

图 10-18　默认选中项

图 10-19　编辑选择框

本章小结

序号	总学习任务	阅读任务	操作任务
1	AWT 与 Swing	AWT 简介	
		Swing 简介	
		容器简介	
2	创建窗体	利用 JFrame 类创建窗体的方法	创建一个新窗体

续表

序号	总学习任务	阅读任务	操作任务
3	标签组件 JLabel	标签组件	标签组件的应用
			创建一个新 Font
4	按钮组件 JButton	按钮组件	创建一个按钮
5	JPanel 容器	JPanel 容器	
6	布局管理器	布局管理器	FlowLayout 设置方法
		FlowLayout	BorderLayout 管理器的使用方法
		BorderLayout	GridLayout 管理器的使用方法
		GridLayout	CardLayout 管理器的使用
		CardLayout	
7	文本组件 JTextComponent	文本组件	文本框的使用方法
		单行文本框 JTextField	设置回显字符的方法
		密码文本框 JPasswordField	JTextArea 和 JScrollPane 的使用方法
		多行文本框 JTextArea	
8	事件处理	事件及其处理方法	实现 WindowListener 接口
		事件和监听器	使用监听接口监听按钮的单击事件
		窗体事件	KeyAdapter 适配器完成键盘事件的监听
		动作事件及监听处理	MouseAdapter 适配器完成鼠标事件监听
		键盘事件及监听处理	文本框获得焦点和失去焦点事件处理
		鼠标事件及监听处理	
		焦点事件及监听处理	
9	单选按钮组件 JRadioButton	单选按钮组件	观察示例，理解 JRadioButton 类的使用方法
			观察 JRadioButton 的事件处理，使用 ItemListener 接口进行事件监听
10	复选框组件 JCheckBox	复选框组件	复选框的使用及事件处理

本章习题

1. 填空题

(1) 在需要自定义 Swing 构件的时候，首先要确定使用哪种构件类作为所定制构件的________，一般继承 Jpanel 类或更具体的 Swing 类。Swing 的事件处理机制包括________、事件和事件处理者。

(2) Java 事件处理包括建立事件源、________和将事件源注册到监听器。

(3) 使用布局管理器是为了使生成的图形用户界面具有良好的________。

(4) Component 类直接继承自________类，是一个抽象类。

(5) Frame 类用来建立标准的窗口，继承自________类。

(6) AWT 基于本地对等组件的________体系结构，而 Swing 是由纯 Java 实现的，所以其组件不依赖于________。

(7) Swing 的组件几乎都是________，而 AWT 的组件被称为________。

2. 选择题

(1) 如果容器组件 p 的布局是 BorderLayout，则在 p 的下边中添加一个按钮 b，应该使用的语句是（　）。

A. p. add（b）　　B. p. add（b,"North"）
C. p. add（b,"South"）　　D. b. add（p,"North"）

(2) 哪一个布局管理器使用的是组件的最佳尺寸？（　）

A. FlowLayout　B. BorderLayout　C. GridLayout　D. CardLayout

(3) JPanel 的默认布局管理器是（　）。

A. FlowLayout　B. CardLayout　C. BorderLayout　D. GridLayout

(4) 关于使用 Swing 的基本规则，下列说法正确的是（　）。

A. Swing 组件可直接添加到顶级容器中
B. 要尽量使用非 Swing 的重要级组件
C. Swing 的 JButton 不能直接放到 JFrame 上
D. 以上说法都对

(5) 容器类 java. awt. container 的父类是（　）。

A. java. awt. Frame　　B. java. awt. Panel
C. java. awt. Componet　　D. java. awt. Windows

(6) 能将容器划分为" East" " South"" West"" North"、" Center" 五个区域的布局管理器是（　）。

A. BorderLayout　B. FlowLayout　C. GridLayout　D. CardLayout

3. 操作题

在 JFrame 中加入 1 个文本框，1 个文本区。每次在文本框中输入文本，按回车键后将文本添加到文本区的最后一行。

4. 在 JFrame 中加入 1 个面板，在面板上加入 1 个文本框，1 个按钮，使用 FlowLayout 布局，设置文本框和按钮的前景色、背景色、字体和显示位置等。

第11章

Java数据库编程

▶ 本章导读

Java 数据库连接（Java Data Base Connectivity，JDBC）是 Java 为了支持 SQL 功能而提供的与数据库相关联的用户接口和类。利用它们可以和各种数据相关联，而不必关心底层与具体的数据库管理系统的连接和访问过程。本章主要介绍 JDBC 的作用和功能、驱动类型，JDBC 中常见的类和接口，通过数据组件访问数据库的方法。

11.1 学习 JDBC 技术

11.1.1 阅读任务1——JDBC 技术简介

JDBC 的全称为“Java DataBase Connectivity”，是一套面向对象的应用程序接口(API)，制定了统一的访问各种关系数据库的标准接口，为各个数据库厂商提供了标准接口的实现。通过使用 JDBC 技术，开发人员可以用纯 Java 语言和标准的 SQL 语句编写完整的数据库应用程序，并且真正地实现了软件的跨平台性。在 JDBC 技术问世之前，各家数据库厂商执行各自的一套 API，使得开发人员访问数据库非常困难，特别是在更换数据库时，需要修改大量代码，十分不方便。JDBC 很快就成为了 Java 访问数据库的标准，并且获得了几乎所有数据库厂商的支持。

JDBC 是一种底层 API，在访问数据库时需要在业务逻辑中直接嵌入 SQL 语句。由于 SQL 语句是面向关系的，依赖于关系模型，所以，JDBC 传承了简单直接的优点，特别是对于小型应用程序十分方便。需要注意的是，JDBC 不能直接访问数据库，必须依赖于数据库厂商提供的 JDBC 驱动程序完成以下 3 步工作。

(1) 同数据库建立连接。

(2) 向数据库发送 SQL 语句。

(3) 处理从数据库返回的结果。

JDBC 有以下优点。

(1) JDBC 与 ODBC 十分相似，便于软件开发人员理解。

(2) JDBC 使软件开发人员从复杂的驱动程序编写工作中解脱出来，可以完全专注于业务逻辑的开发。

(3) JDBC 支持多种关系型数据库，大大增加了软件的可移植性。

(4) JDBC API 是面向对象的，软件开发人员可以将常用的方法进行二次封装，从而提高代码的重用性。

虽然如此，JDBC 还是存在如下缺点。

(1) 通过 JDBC 访问数据库时速度将受到一定影响。

(2) 虽然 JDBC API 是面向对象的，但通过 JDBC 访问数据库依然是面向关系的。

(3) JDBC 要依赖厂商提供的驱动程序。

11.1.2 阅读任务2——JDBC 驱动程序

目前，常见的 JDBC 驱动程序主要有 JDBC－ODBC 桥驱动程序、本地库 Java 驱动程序、JDBC 网络纯 Java 驱动程序和本地协议纯 Java 驱动程序等四类，其特点如下。

1. JDBC－ODBC 桥驱动程序

JDBC－ODBC 桥驱动程序实际是把所有的 JDBC 调用传递给 ODBC，再由 ODBC 调用本地数据库驱动程序。使用 JDBC－ODBC 桥访问数据库服务器，需要在本地安装 ODBC 类库、驱动程序及其他辅助文件。JDBC－ODBC 桥驱动程序是由 Sun 公司提供的，可以在 Sun 的网站（ http：//java. sun. com）中下载。

2. 本地库 Java 驱动程序

本地库 Java 驱动程序首先将 JDBC 调用转变为 DBMS 的标准调用，然后再去访问数据库。像桥驱动程序一样，这种类型的驱动程序也要求将某些二进制代码加载到每台客户机上。

3. JDBC 网络纯 Java 驱动程序

这种驱动程序将 JDBC 转换为与 DBMS 无关的网络协议，之后这种协议又被某个服务器转换为一种 DBMS 协议。这种网络服务器中间件能够将它的纯 Java 客户机连接到多种不同的数据库上，所用的具体协议取决于提供者。通常，这是最为灵活的 JDBC 驱动程序。

4. 本地协议纯 Java 驱动程序

这种驱动是完全由纯 Java 语言实现的一种驱动，它直接把 JDBC 调用转换为由 DBMS 使用的网络协议。这种驱动程序允许从客户机直接访问数据库服务器。

这四种类型的 JDBC 驱动程序各有不同的适用场合。其中，JDBC－ODBC 桥方式由于增加了 ODBC 环节，所以执行效率相对较低。目前，使用最多的是本地协议纯 Java 驱动程序，该方式执行效率高，对于不同的数据库只需下载不同的驱动程序即可。

11.1.3　阅读任务 3——JDBC 与 ODBC 和其他 API 的比较

早在 JDBC 还未成型之时，Microsoft 的 ODBC 已经成为数据库访问的业界标准。它是使用最为广泛的访问关系数据库的编程接口。它能在几乎所有平台上连接几乎所有的数据库。但 ODBC 不适合直接在 Java 中使用，因为它使用 C 语言接口。从 Java 调用本地 C 代码在安全性、实现、坚固性和程序的自动移植性方面都有许多缺点。

不妨将 JDBC 想象成被转换为面向对象接口的 ODBC，而面向对象的接口对 Java 开发者来说更容易理解。ODBC 把简单和高级功能混在一起，这使得理解学习 ODBC 变得复杂。而 JDBC 尽量保证简单功能的简便性，并且在必要时允许使用高级功能。从 Java 的平台无关性来讲也迫切需要使用纯 Java 的 API。如果使用 ODBC，就必须手动地将 ODBC 驱动程序管理器和驱动程序安装在每台客户机上。而完全用 Java 编写 JDBC 驱动程序在所有 Java 平台上都可以自动安装、移植并保证安全性。

JDBC API 对于基本的 SQL 抽象和概念是一种自然的 Java 接口。它建立在 ODBC 上，保留了 ODBC 的基本设计特征。因此，熟悉 ODBC 的开发者将发现 JDBC 很容易使用。事实上，这两种接口都基于 X/Open SQL CLI（调用级接口）。它们之间最大的区别在于：JDBC 以 Java 风格与优点为基础并进行优化，因此更加易于使用。

Microsoft 随后又引入了 ODBC 之外的新 API，如 RDO、ADO 和 OLE DB。在设计方

面这些接口与JDBC相同，都是面向对象的数据库接口且基于可在ODBC上实现的类。尽管这些接口各有特点但却不能替代ODBC。

11.2 学习JDBC基本操作

11.2.1 阅读任务——JDBC中常用的类和接口

JDBC是一种可用于执行SQL语句的Java API（Application Programming Interface，应用程序设计接口）。它由一些Java语言编写的类和界面组成。JDBC为数据库应用开发人员和数据库前台工具开发人员提供了一种标准的应用程序设计接口，使开发人员可以用Java语言编写完整的数据库应用程序。

通过使用JDBC，开发人员可以很方便地将SQL语句传送给几乎任何一种数据库。也就是说，开发人员可以不必写一个程序访问Oracle，写另一个程序访问MySQL，再写一个程序访问SQL Server。用JDBC写的程序能够自动地将SQL语句传送给相应的数据库管理系统（DBMS）。不但如此，使用Java编写的应用程序可以在任何支持Java的平台上运行，不必在不同的平台上编写不同的应用。Java和JDBC的结合可以让开发人员在开发数据库应用时真正实现“一次编写，处处运行”。

Java具有健壮、安全、易用等特性，而且支持自动网上下载，本质上是一种很好的数据库应用的编程语言。它所需要的是Java应用如何同各种各样的数据库连接，JDBC正是实现这种连接的关键。

1. JDBC的类和接口

在Java语言中提供了丰富的类和接口用于数据库编程，利用它们可以方便地进行数据的访问和处理。下面主要介绍Java. sql包中提供的常用类和接口。

在JDBC的基本操作中最常用的类和接口是DriverManager、Connection、Statement、ResultSet、PreparedStatement，都放在java. sql包中，相关功能见表11-1。

表11-1 java. sql包中数据库操作的接口和类

序号	接口或者类	描述
1	Driver接口	驱动器
2	DriverManager类	驱动管理器
3	Connection接口	数据库连接
4	Statement接口	执行SQL语句
5	PreparedStatement接口	执行预编译的SQL语句
6	CallableStatement接口	执行SQL的存储过程

对于以上接口或类的描述如下。

(1) DriverManager 类：这个类用于加载和卸载各种驱动程序并建立与数据库的连接。

(2) Connection 接口：此接口表示与数据的连接

(3) Statement 接口：此接口用于执行 SQL 语句并将数据检索到 ResultSet 中。

(4) ResultSet 接口：此接口表示了查询出来的数据库数据结果集。

(5) PreparedStatement 接口：此接口用于执行预编译的 SQL 语句。

(6) Date 类包含将 SQL 日期格式转换成 Java 日期格式的各种方法。

11.2.2 阅读任务 2——JDBC 操作步骤

JDBC 操作数据库的基本步骤。

(1) 加载（注册）数据库驱动（到 JVM）。

(2) 建立（获取）数据库连接。

(3) 创建（获取）数据库操作对象。

(4) 定义操作的 SQL 语句。

(5) 执行数据库操作。

(6) 获取并操作结果集。

(7) 关闭对象，回收数据库资源（关闭结果集→关闭数据库操作对象→关闭连接）。

11.2.3 阅读任务 3——JDBC-ODBC 连接数据库

JDBC-ODBC 连接数据库称为桥连接，将 JDBC 首先翻译为 ODBC，然后使用 ODBC 驱动程序与数据库通信，必须安装 ODBC 驱动程序和配置 ODBC 数据源，本章所用数据库是 SQL Server 2000 的 userDB 数据库，如图 11-1 所示。

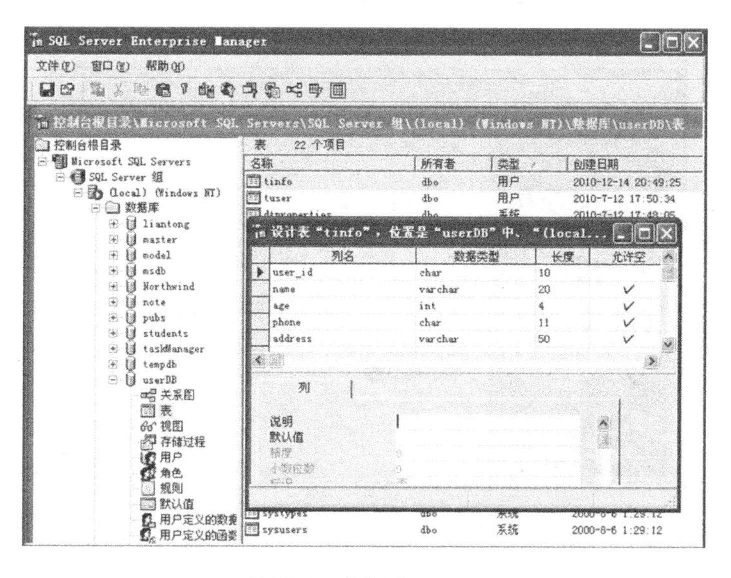

图 11-1 数据库 userDB

配置ODBC数据源步骤：打开“控制面板”→“管理工具”→“数据源（ODBC)”，打开ODBC数据源管理器，如图11-2所示。单击“添加”按钮，打开“创建新数据源”对话框，选择数据库的驱动程序，如图11-3所示。单击“完成”按钮，弹出“Microsoft ODBC SQL Server DSN配置”对话框，如图11-4所示，更改默认的数据库为userDB，单击“下一步”按钮，进入如图11-5所示的“ODBC Microsoft SQL Server安装”对话框，单击“确定”按钮，出现如图11-6所示的“SQL Server ODBC数据源测试”对话框，则配置成功。此时在图11-2中的用户数据源“名称”中会出现刚刚配置成功的数据源的相关信息，也表明数据源配置成功。

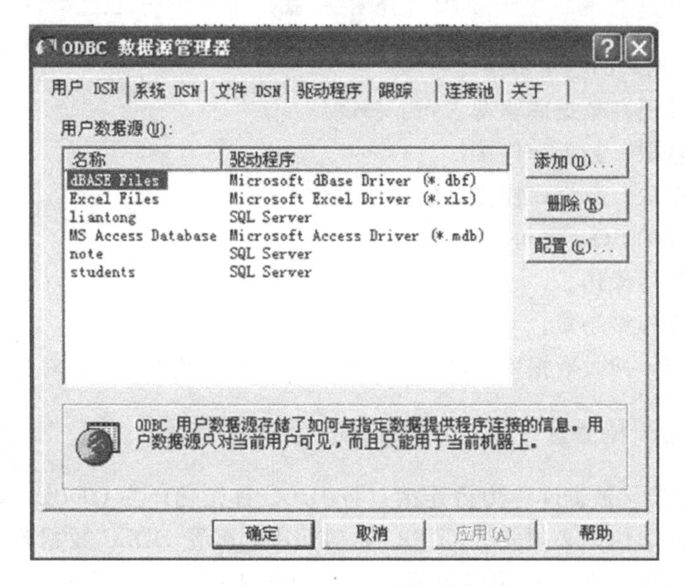

图11-2 ODBC数据源管理器图

图11-3 选择数据库的驱动程序

Microsoft ODBC SQL Server DSN 配置
更改默认的数据库为(D):
userDB
附加数据库文件名(H):
为预定义的 SQL 语句创建临时存储过程，并删除该存储过程(C)
只有当断开时(O)。
当断开时和连结时同样适用(W)。
使用 ANSI 引用的标识符(U)。
使用 ANSI 的空值、填充及警告(A)。
若主 SQL Server 不可用，请使用故障转移 SQL Server(F)。
< 上一步(B)
下一步(N) >
取消
帮助

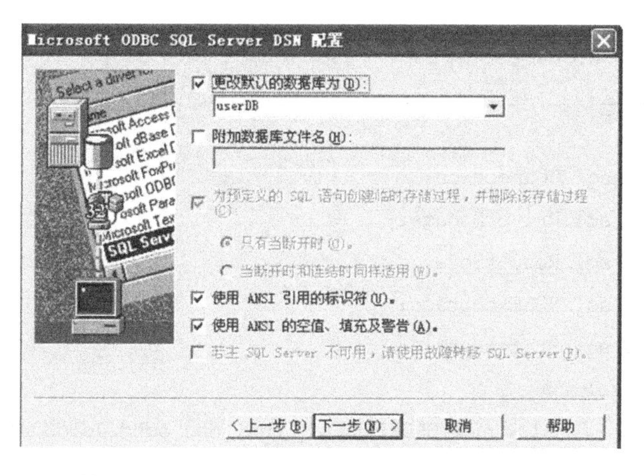

图 11-4　Microsoft ODBC SQL Server DSN 配置

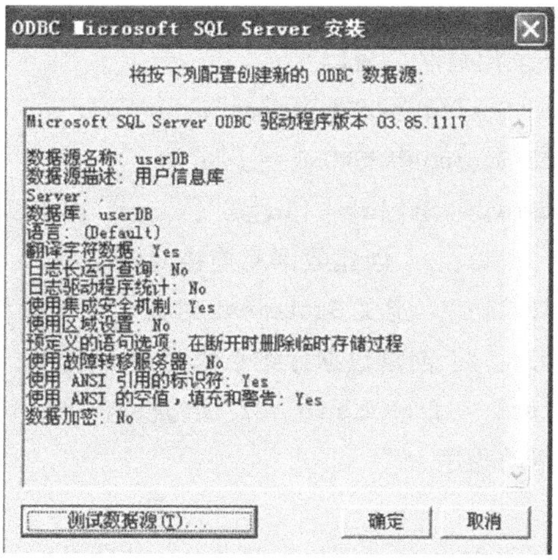

ODBC Microsoft SQL Server 安装
将按下列配置创建新的 ODBC 数据源:
Microsoft SQL Server ODBC 驱动程序版本 03.85.1117
数据源名称: userDB
数据源描述: 用户信息库
Server: .
数据库: userDB
语言: (Default)
翻译字符数据: Yes
日志长运行查询: No
日志驱动程序统计: No
使用集成安全机制: Yes
使用区域设置: No
预定义的语句选项: 在断开时删除临时存储过程
使用故障转移服务器: No
使用 ANSI 引用的标识符: Yes
使用 ANSI 的空值，填充和警告: Yes
数据加密: No
测试数据源(T)...
确定
取消

图 11-5　数据源配置信息图

SQL Server ODBC 数据源测试
测试结果
Microsoft SQL Server ODBC 驱动程序版本
03.85.1117
正在运行连接测试...
试图连接
连接被建立
验证选项设置
断开与服务器的连接
测试成功!
确定

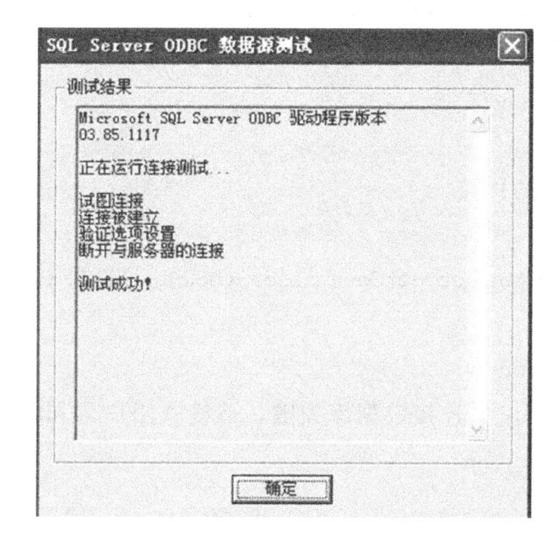

图 11-6　数据源测试

 11.2.5 操作任务1——完成上面配置的数据源userDB的连接

步骤1：完成程序

```
import java. sql. Connection;
import java. sql. DriverManager;
import java. sql. ResultSet;
import java. sql. SQLException;
import java. sql. Statement;
public class Demo9 _ 1 {
public static final String DBDRIVER = "sun. jdbc. odbc. JdbcOdbcDriver"; // 定义数
据库驱动程序
// 定义数据库链接地址，userDB为配置成功的数据源名称
public static final String DBURL = "jdbc: odbc: userDB";
// 连接数据库的登录用户名、密码
public static final String DBUSER = "sa";
public static final String PASSWORD = "";
public static void main (String [] args) {
Connection conn = null; // 创建数据库连接对象
Statement stmt = null; // 定义Statement对象，用于操作数据库
ResultSet rs = null; // 创建数据库结果集对象
String sql = "select * from tinfo"; // 数据库查询语句字符串
// 1. 注册数据库驱动程序
try {
Class. forName (DBDRIVER);
}
catch (ClassNotFoundException e) {
System. out. println ("加载驱动程序失败！请检查!");
e. printStackTrace ();
}
// 2. 获取数据库的连接
try {
    conn = DriverManager. getConnection (DBURL, DBUSER, PASSWORD);
}
catch (SQLException e) {
System. out. println ("连接数据库失败，请检查用户名和密码!");
e. printStackTrace ();
}
// 3. 获取表达式（根据连接创建语句对象）
```

```
try {
stmt = conn.createStatement ();
}
catch (SQLException e) {
System.out.println ("获取表达式出错!");
e.printStackTrace ();
}
//4. 执行 SQL 语句
try {
rs = stmt.executeQuery (sql);
}
catch (SQLException e) {
System.out.println ("执行 SQL 语句出错!");
e.printStackTrace ();
}
//5. 显示结果集数据
try {
while (rs.next ()) {//像游标在第一记录的上面
System.out.print (rs.getString ("user_id") +"\t");
System.out.print (rs.getString (2) +"\t");
System.out.print (rs.getInt (3) +"\t");
System.out.print (rs.getString (4) +"\t");
System.out.println (rs.getString (5));
}
catch (SQLException e) {
e.printStackTrace ();
}
//6. 释放资源
try {
rs.close ();
stmt.close ();
conn.close ();
}
catch (SQLException e) {
System.out.println ("释放资源失败!");
e.printStackTrace ();
}
}
```

```
}
```

步骤 2：运行程序

程序的运行结果如图 11-7 所示。

```
Problems  @ Javadoc  Declaration  Console
<terminated> Demo9_1 [Java Application] C:\Program Files\Java\jdk1.6.0_07\bin\javaw.exe (2012-11-12 上午11:06:11)
20100801      佟麟     20     13033939898     电厂车间主任
20100802      毛平     30     13679802322     移动公司业务经理
20100803      郝蕾     32     15878749282     null
20080804      张永刚   36     15098023056     组织部部长
```

图 11-7 Demo9 _ 1 程序运行结果

步骤 3：程序分析

数据库的驱动程序 DBDRIVER = "sun. jdbc. odbc. JdbcOdbcDriver" 是 Eclipse 所建项目的 JRE System Liberary 的 rt. jar 包中的一个类 JdbcOdbcDriver. class，所在的包为 sun. jdbc. odbc，如图 11-8 所示。

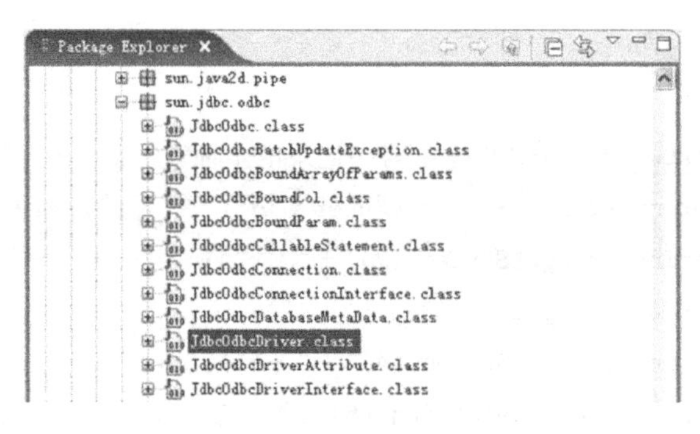

图 11-8 驱动程序类所在 jar 包

此类已经导入到项目的运行环境库里，所以可以直接使用。具体的数据库操作步骤可以分为以下的步骤。

1. 加载 JDBC 驱动

在通过 JDBC 与数据库建立连接之前，必须加载相应数据库的 JDBC 驱动。调用方法 Class. forName () 将显式地将驱动程序添加到 java. lang. System 的属性 jdbc. drivers 中。

如示例中语句：

```
Class.forName (DBDRIVER);
```

在第一次调用 DriverManager 类的方法时将自动加载这些驱动程序类。DriverManager 类将搜索系统属性 jdbc. drivers，如果用户已输入了一个或多个驱动程序，则 DriverManager 类将试图加载它们。

也可以用其他方法加载，如“new sun. jdbc. odbc. JdbcOdbcDriver ();”。建议使用示例的方法。

Class. forName（）方法中使用的驱动程序类名由驱动发布者提供，如下面要讲的直连接方式。同时还要保证 JDBC 驱动在构建路径下。

2. Connection 接口

Connection 接口代表与数据库的连接。连接过程包括所执行的 SQL 语句和在该连接上所返回的结果。与数据库建立连接可以通过调用 DriverManager. getConnection（）方法实现。通常，开发者更多使用最后一种方法建立连接。

```
public static Connection getConnection (String url, String user, String password) throws SQLException
```

其中，url 指 JDBC URL，它提供了一种标识数据库的方法，可以使相应的驱动程序能识别该数据库并与之建立连接。URL 的标准语法如下：

```
jdbc：< 子协议 >：< 子名称 >
```

如示例中语句：

```
public static final String DBURL = "jdbc：odbc：userDB";
conn = DriverManager. getConnection (DBURL, DBUSER, PASSWORD);
```

其中，DBUSER 为连接数据库的用户名；PASSWORD 为连接数据库的密码。开发者可以参考驱动程序的相关说明文档获得正确的 url 拼写方式。

连接建立之后，就可用来向它所连接的数据库传送 SQL 语句了。JDBC 提供了 3 个接口，用于向数据库发送 SQL 语句。Connection 接口中定义了方法用于返回这 3 个接口。这 3 个接口分别是 Statement、PreparedStatement 和 CallableStatement。

返回 Statement 接口的常用方法如示例中：

```
Statement createStatement () throws SQLException
```

返回 PreparedStatement 接口的常用方法如下。

```
PreparedStatement prepareStatement (String? sql) throws SQLException
```

3. 返回 CallableStatement 接口的方法

```
CallableStatement prepareCall (String sql) throws SQLException
```

读者参考 JDK API 文档了解详细的说明，对于初学者来说 CallableStatement 并不常用，Statement 接口和 PreparedStatement 接口将在本章详细介绍。

需要注意的是在确定使用完 Connection 后，应该调用其 close 方法断开连接。

初学者经常忘记调用 close 方法断开连接。根据操作步骤，是放在最后断开的。

4. Statement 接口

Statement 接口用于将 SQL 语句发送到所连接的数据库中。创建 Statement 接口后就可以使用它执行 SQL 语句了。

Statement 接口提供了 3 种执行 SQL 语句的方法：executeQuery、executeUpdate 和 execute。开发者应根据这 3 种方法的适用范围选择使用。

(1) executeQuery 方法用于产生单个结果集的语句，例如 SELECT 语句，示例中查询 tinfo 表中的记录。

(2) executeUpdate 方法用于执行 INSERT、UPDATE 或 DELETE 语句以及 SQL DDL（数据定义语言）语句，例如 CREATE TABLE 和 DROP TABLE。executeUpdate 的返回值是一个整数，它表示执行 SQL 语句后受影响的记录数。

(3) execute 方法用于执行返回多个结果集、多个更新计数或二者组合的语句。

在 Statement 接口使用结束后，应该调用它的 close 方法将其关闭。

与 Connection 类似，初学者经常忘记调用 close 方法关闭 Statement。

5. ResultSet 接口

ResultSet 包含符合 SQL 语句中条件的所有行，等价于一张表，其中有查询所返回的列标题及相应的值。通过一系列 get 方法访问这些行中的数据。ResultSet 中维持了一个指向当前行的指针。最初，这个指针指向表的第一行之前。ResultSet. next 方法用于移动到 ResultSet 中的下一行，使下一行成为当前行。ResultSet. next 方法返回一个 boolean 类型的值。如果这个值是 true，则说明已经成功地移动到了下一行；如果是 false，则说明表已经到了最后一行。

在每一行内，可按任何次序获取列值。但为了保证可移植性，应该从左至右获取列值，并且一次性地读取列值。列名或列号可用于标识要从中获取数据的列。例如，如果 ResultSet 对象 rs 的第一列列名为“user _ id”，并将值存储为字符串，则可以通过以下两种方式访问该列的值。

```
rs. getString ("user _ id");
rs. getString (1);
```

列号从左至右编号的，并且从 1 开始而不是 0。

对于一系列 get 方法，JDBC 驱动程序试图将基本数据转换成指定的 Java 类型，然后返回合适的 Java 值。例如，如果 getXXX 方法为 getString，而基本数据库中数据类型为 VARCHAR，则 JDBC 驱动程序将把 VARCHAR 转换成 Java 中的 String 类型。不再使用 ResultSet 时，应调用其 close 方法将其关闭。

ResultSet 使用完毕后也要调用 close 方法关闭，然后再关闭 Statement，最后断开数据库连接。

11.2.6 阅读任务 4——JDBC 直接连接数据库

JDBC 桥连接的方式简单，但是需要安装 ODBC 驱动程序和配置 ODBC 数据源，需要 ODBC 的支持。第 4 种方式在开发中使用得较多，更加直接和简便。可以直接使用该厂商提供的驱动程序与数据库进行连接。

(1) 连接之前要将厂商提供的驱动程序的 jar 包或 zip 包导入到项目的 Libraries 中，

如图 11-9 所示。单击“Add JARs”按钮找到驱动程序的 jar 包所在目录，如图 11-10 所示。

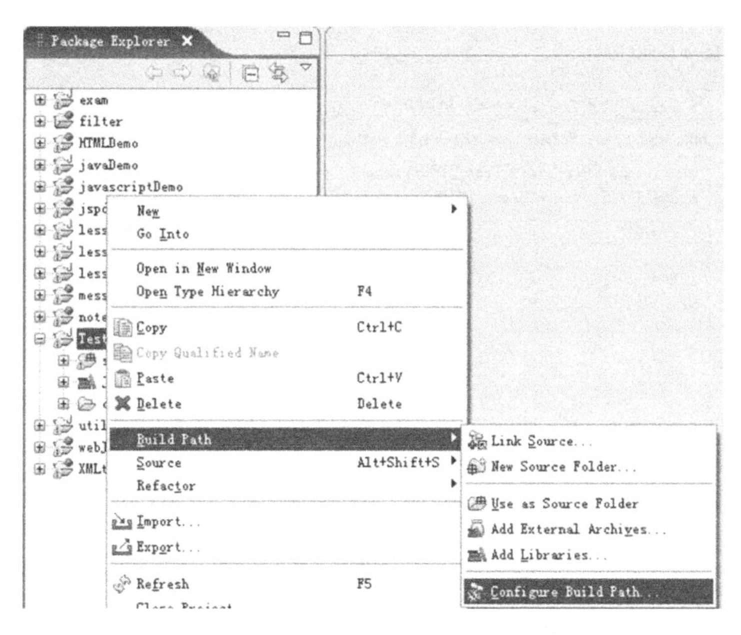

图 11-9 选择 Configure Build Path 命令

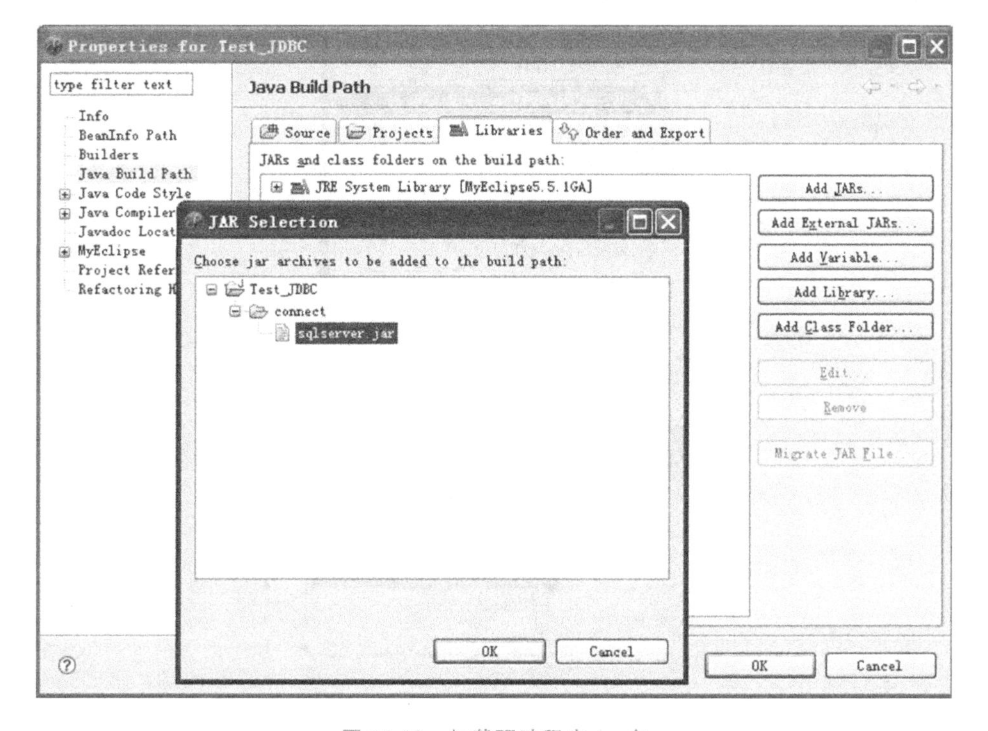

图 11-10 加载驱动程序 jar 包

（2）单击“OK”按钮关闭“JAR Selection”对话框，单击“OK”按钮配置完成。

Microsoft SQL Server 2000 的驱动程序已经加载到了项目中。完成后的结果如图 11-11 所示。

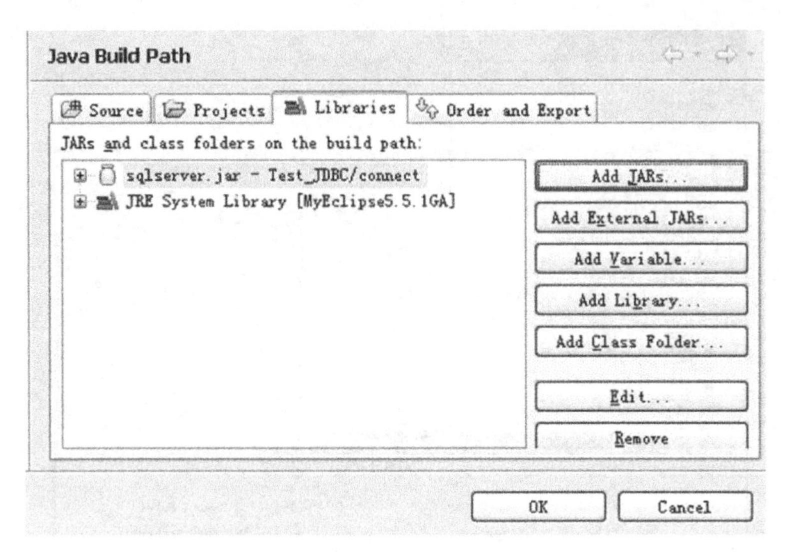

图 11-11 Java 项目的路径配置

(3) 在 Eclipse 中打开如图 11-12 所示的数据库管理器 Database Explorer。

(4) 在 DB Browser 中右击数据库，选择“Edit”命令，如图 11-13 所示。

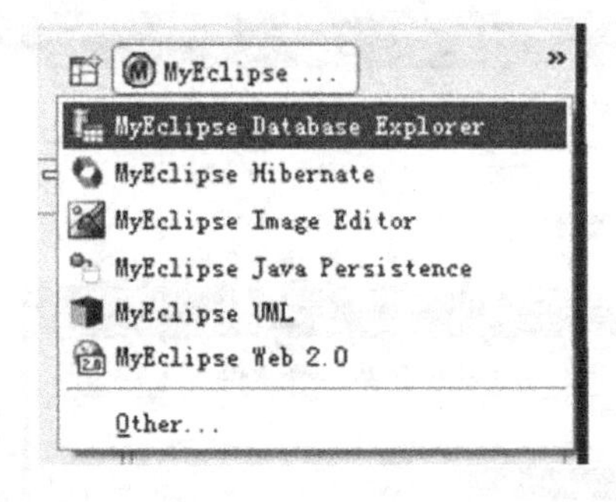

图 11-12 数据库管理器

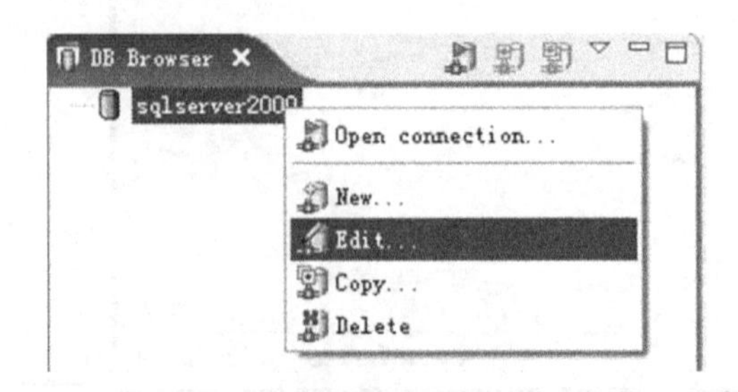

图 11-13 选择 Edit 命令

(5) 打开“Edit Database Connection Driver”对话框，如图 11-14 所示。

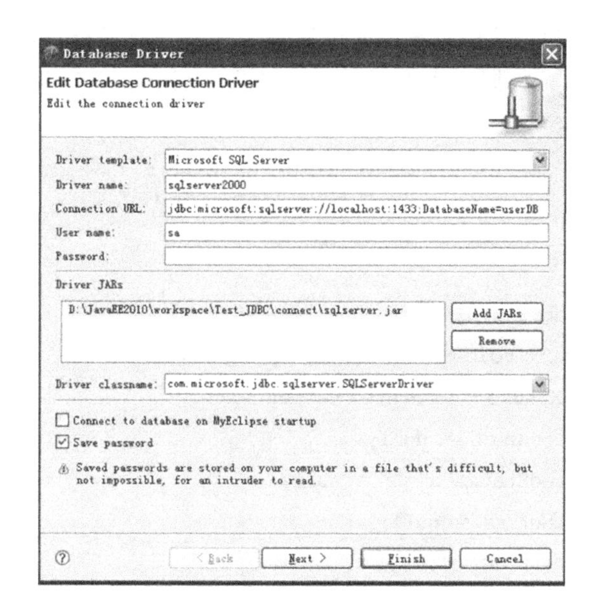

图 11-14 编辑数据库连接驱动

各参数设置如下。

①Driver template：选择 Microsoft SQL Server 选项。

②Driver name：用户自定义名字，这里设置为 sqlserver2000。

③ Connecton URL：这里为 jdbc：microsoft：sqlserver：//localhost：1433；DatabaseName=userDB，不同的数据库 URL 不一样。

④User name：这里设置为 sa。

⑤Password：这里为空，如果 Microsoft SQL Server 2000 的登录密码不为空，则必须填写。

⑥Driver JARs：选择驱动程序所在的路径。单击“Add JARs”按钮选择驱动程序所在的路径，则自动在左边出现。

⑦Driver classname：当添加驱动程序 jar 包成功后，自动出现驱动程序的类名。

（6）单击“Finish”按钮完成配置，如图 11-15 所示。

图 11-15 数据库连接成功图

（7）在数据库管理器的 DB Browser 中单击连接图标（带箭头的图标）查看是否连接

成功。如果没有连接成功，请检查数据库配置是否正确，或者查看 Microsoft SQL Server 2000 是否启动。成功后，数据库操作所需的驱动程序名、URL、用户名和密码直接复制到代码。

11.2.7 操作任务2——完成直连数据库的操作

```
import java. sql. * ;
public class jdbc1 {
    public static void main (String [] args) {
        // TODO Auto - generated method stub
        Connection ct = null;
        PreparedStatement ps = null;
        ResultSet rs = null;
        try {
            //第一步，加载驱动
            Class. forName ("com. microsoft. sqlserver. jdbc. SQLServerDriver");
            //得到连接
             ct = DriverManager. getConnection ("jdbc: sqlserver: //localhost:
1433; databaseName = liuyan","sa","3209554");
            //创建 PreparedStatement
             ps = ct. prepareStatement ("select * from userinformation where
name = '张三丰'");
            rs = ps. executeQuery ();
          //这个方法适用于从表中查找数据
            //如果要向表中插入，删除，更新数据需要使用方法 executeUpdate
();
            while (rs. next ()) {//这里 rs. next () 一定要使用 next () 方法,
否则有空指针错误
                String number = rs. getString (1);
                String string = rs. getString (2);
                String string2 = rs. getString (3);
                System. out. println (number + " " + string + " " + string2);
            }
        } catch (Exception e) {
            e. printStackTrace ();
        } finally {
            try {
                if (rs! = null) {
                    rs. close ();
```

```
                }
                if (ps ! = null)
                    ps. close ();
                if (ct ! = null)
                    ct. close ();
            }
            catch (Exception e) {
                e. printStackTrace ();
            }
        }
    }
```

11.2.8 阅读任务5——JDBC对数据库的更新操作

数据库连接完成后，就可以对数据库进行操作了，JDBC对数据库的操作主要包括查询、插入、修改、删除操作。

11.2.9 操作任务3——数据库的插入操作

完成的程序如下所示：

```
package 数据库_向数据库插入数据;
//尽量将属性定义为私有的，写出对应的set和get的方法
public class Employee {
private int empId;
private String empName;
private int empAge;
private String empSex;
public Employee ();
public int getEmpId () {
return this. empId;
}
public void setEmpId (int id) {
this. empId = id;
}
public String getEmpName () {
return this. empName;
}
public void setEmpName (String name) {
this. empName = name;
```

```
}
public int getEmpAge () {
return this. empAge;
}
public void setEmpAge (int age) {
this. empAge = age;
}
public String getEmpSex () {
return this. empSex;
}
public void setEmpSex (String sex) {
this. empSex = sex;
}
}
```

11.2.10 操作任务4——完成数据库的修改操作（要求利用SQL语句中的UPDATE完成修改操作）

程序如下：

```
package Chapter11;
import java. sql. *
public class UpdateRecordTest {
public static void main (String [] args) throws ClassNotFoundException,
SQLException {
// 以下两条语句可省略，即无须再加载 JDBC - ODBC 桥驱动程序
String msodbc = "sun. jdbc. odbc. JdbcOdbcDriver";
Class. forName (msodbc); // 加载驱动程序
String url = "jdbc: odbc: javaodbc"; // 定义 url
Connection con = DriverManager. getConnection (url); // 建立连接
Statement st = con. createStatement (); // 创建 Statemnet 对象
// 定义修改记录的 sql 语句
String sql = "update 丛书名录  set 丛书代号 = 'yy',"
 + "丛书名称 = 'C+ + 系列丛书' where 丛书代号 = 'xx'";
st. executeUpdate (sql); // 执行数据库更新
st. close (); // 关闭语句
con. close (); // 关闭连接
}
}
```

 11.2.11 操作任务5——完成数据库的删除操作。要求利用SQL语句中的DELETE完成删除操作

程序如下：

```
package Chapter11;
import java. sql. * ;
public class DeleteRecordTest {
public static void main (String [] args) throws ClassNotFoundException,
SQLException {
// 以下两条语句可省略，即无需再加载 JDBC - ODBC 桥驱动程序
String msodbc = "sun. jdbc. odbc. JdbcOdbcDriver";
Class. forName (msodbc); // 加载驱动程序
String url = "jdbc: odbc: javaodbc"; // 定义 url
Connection con = DriverManager. getConnection (url); // 建立连接
Statement st = con. createStatement (); // 创建 Statemnet 对象
// 定义删除记录的 sql 语句
String sql = "delete from 丛书名录 where 丛书代号 = 'xx'";
st. executeUpdate (sql); // 执行数据库更新
st. close (); // 关闭语句
con. close (); // 关闭连接
}
}
```

 11.3 学习JDBC的高级操作

 11.3.1 阅读任务1——PreparedStatement接口

PreparedStatement接口继承自Statement接口，它继承了Statement的所有功能。除此之外，PreparedStatement接口还具有一些Statement接口没有的特点。

PreparedStatement属于预处理操作，在操作时，是先在数据表中准备好了一条SQL语句，但是此SQL语句的具体内容暂时不设置，而是之后再进行设置。

由于PreparedStatement对象已预编译过，所以其执行速度要高于Statement对象。因此，对于需要多次执行的SQL语句经常使用PreparedStatement对象操作，以提高效率。

 11.3.2 操作任务——使用 PreparedStatement 完成数据的插入操作

程序如下：

```
import java.sql.Connection;
import java.sql.DriverManager;
import java.sql.PreparedStatement;
import java.sql.SQLException;
public class JDBC {
private static final String URL = "jdbc:sqlserver://mrwxk\\mrwxk:1433;
DatabaseName=db_database11";
private static final String USERNAME = "sa";
private static final String PASSWORD = "";
static {
try {
Class.forName("com.microsoft.sqlserver.jdbc.SQLServerDriver");
} catch (ClassNotFoundException e) {
e.printStackTrace(); // 输出捕获到的异常信息
}
}
public static void main(String[] args) {
try {
Connection conn = DriverManager.getConnection(URL, USERNAME,
PASSWORD);
String[][] records = { { "20060522", "马先生" }, { "20080808", "齐小姐" } };
String sql = "insert into tb_insert (id, name) values (?,?)"; // 定义动态
INSERT 语句
PreparedStatement prpdStmt = conn.prepareStatement(sql); // 预处理动态 INSERT
语句
prpdStmt.clearBatch(); // 清空 Batch
for (int i = 0; i < records.length; i++) {
prpdStmt.setInt(1, Integer.valueOf(records[i][0])); // 为参数赋值
prpdStmt.setString(2, records[i][1]); // 为参数赋值
prpdStmt.addBatch(); // 将 INSERT 语句添加到 Batch 中
}
prpdStmt.executeBatch(); // 批量执行 Batch 中的 INSERT 语句
prpdStmt.close();
conn.close();
} catch (SQLException e) {
```

```
e.printStackTrace ();
}
}
}
```

 11.3.3 阅读任务2——CallableStatement 接口

CallableStatement 主要是调用数据库中的存储过程，CallableStatement 是 PreparedStatement 接口的子接口，所以继承了 PreparedStatement 接口中的方法。

CallableStatement 对象仍然需要使用 Connection 对象来创建，创建的方法为 prepareCall ()，用来执行存储过程。在使用存储过程时，可能需要传入相应的参数或者得到一定的结果，这里要传入 IN 或者 OUT 参数。

根据存储过程中的参数不同，CallableStatement 对象的创建形式有 3 种。

1. 不带参数的存储过程

例如：CallableStatement cs = conn.preparedCall ("{call 存储过程名 ()}");

2. 入 IN 参数的存储过程

例如：CallableStatement cs = conn.preparedCall ("{call 存储过程名 (?,?,?)}");

需要使用 setXXX () 方法为相应的占位符赋值。

3. 传入 IN 或者 OUT 参数的存储过程

例如：CallableStatement cs = conn.preparedCall ("{? = call 存储过程名 (?,?,?)}");

需要使用 getXXX () 方法获得输出参数，setXXX () 方法为相应的占位符赋值。

 11.3.4 阅读任务3——事务处理

所谓事务，是指一组相互依赖的操作单元的集合，用来保证对数据库的正确修改，保持数据的完整性，如果一个事务的某个单元操作失败，将取消本次事务的全部操作。例如，银行交易、股票交易和网上购物等，都需要利用事务来控制数据的完整性，比如将 A 账户的资金转入 B 账户，在 A 中扣除成功，在 B 中添加失败，导致数据失去平衡，事务将回滚到原始状态，即 A 中没少，B 中没多。数据库事务必须具备以下特征（简称 ACID）。

(1) 原子性（Atomic)：每个事务是一个不可分割的整体，只有所有的操作单元执行成功，整个事务才成功；否则此次事务就失败，所有执行成功的操作单元必须撤销，数据库回到此次事务之前的状态。

(2) 一致性（Consistency)：在执行一次事务后，关系数据的完整性和业务逻辑的一致性不能被破坏。例如 A 与 B 转账结束后，其资金总额是不能改变的。

(3) 隔离性（Isolation)：在并发环境中，一个事务所进行的修改必须与其他事务所进行的修改相隔离。例如，一个事务查看的数据必须是其他并发事务修改之前或修改完毕的数据，不能是修改中的数据。

（4）持久性（Durability）：事务结束后，对数据的修改是永久保存的，即使系统故障导致重启数据库系统，数据依然是修改后的状态。

本章小结

序号	总学习任务	阅读任务	操作任务
1	JDBC 技术	JDBC 技术简介	
		JDBC 驱动程序	
		JDBC 与 ODBC 和其他 API 的比较	
2	JDBC 基本操作	JDBC 中常用的类和接口	
		JDBC 操作步骤	
		JDBC-ODBC 连接数据库	完成数据库的连接和使用
		JDBC 直接连接数据库	完成直接连接数据库的操作
		JDBC 对数据库的更新操作	完成数据库的插入、删除和添加
3	JDBC 高级操作	PreparedStatement 接口	使用 PreparedStatement 完成数据的插入操作
		CallableStatement 接口	

本章习题

1. 填空题

（1）JDBC 为开发人员提供了一个标准的 API，它由一组用 Java 编程语言编写的类和________组成。

（2）SQL 语言之所以能成为国际标准，是因为它是一种综合性极强同时又简洁易学的语言。它集________、________、________和________功能于一体。

（3）SQL 中提供 5 种聚集函数，分别是________、________、________、________和________。

（4）调用方法 Class. forName（）将显式地将驱动程序添加到的________属性 jdbc. drivers 中。

（5）事务具有 4 个特性：原子性、________、隔离性和________。

2. 选择题

1. 下面是一组对 JDBC 的描述，正确的是说法是（　　）。

A. JDBC 是一个数据库管理系统

B. JDBC 是一个由类和接口组成的 API

C. JDBC 是一个驱动程序

D. JDBC 是一组命令

2. 访问数据库的 Java 程序时，Connection 对象的作用是（　　）。

A. 用来表示与数据库的连接

B. 存储查询结果

C. 在指定的连接中处理 SQL 语句

D. 建立与数据库连接

3. 要为数据库增加记录，应调用 Statement 对象的（　　）方法。

A. addRecord（）　　B. executeQuery（）

C. executeUpdate（）　　D. executeAdd（）

4. 在编写访问数据库的 Java 程序时，ResultSet 对象的作用是（　　）。

A. 加载连接数据库的驱动　　B. 存储查询结果

C. 在指定的连接中处理 SQL 语句　　D. 建立与数据库连接（待添加）

5. 要加载 JDBC 驱动程序，可调用（　　）方法。

A. Driver. load（）　　B. DriverManager. load（）

C. Class. foeName（）　　D. DriverManager. getConnection（）

3. 问答题

（1）列举并说明 JDBC 驱动的 4 种类型。

（2）连接数据库分为哪几步？

（3）创建数据库连接的语法是什么？url 的语法是什么？

4. 上机练习

编写一个 Java 应用程序，添加、修改和删除 Student 表中的记录。Student 表的结构见下表。

表的结构

列名	数据类型
Name	Varcahr（20）
Rollno	Numeric
Course	Varchar（20）

参考文献

[1] 明日科技 . Java 从入门到精通 [M] . 北京：清华大学出版社，2012.

[2] Bruce Eckel. Java 编程思想 [M] . 陈昊鹏，译 . 北京：机械工业出版社，2007.

[3] Darwin FI. Java 经典实例 [M] . 关丽荣，张晓坤，译 . 北京：中国电力出版社，2009.

[4] 梁勇 . Java 语言程序设计：基础篇 [M] . 李娜，译 . 北京：机械工业出版社，2011.

[5] 梁勇 . Java 语言程序设计：进阶篇 [M] . 李娜，译 . 北京：机械工业出版社，2011.

[6] 施密特 . Java 完全参考手册 [M] . 王德才，吴明飞，唐业军，译 . 北京：清华大学出版社，2012.

[7] 吴倩，林原，李霞丽 . Java 语言程序设计 [M] . 北京：机械工业出版社，2012.

[8] 耿祥义，张跃平 . Java 大学实用教程 [M] . 北京：机械工业出版社，2012.

[9] 叶核亚 . Java 程序设计实用教程 [M] . 北京：机械工业出版社，2012.

[10] 耿祥义 . Java 基础教程 [M] . 北京：清华大学出版社，2012.

[11] 于红，徐敦波，冯艳红，等 . Java 语言程序设计 [M] . 北京：机械工业出版社，2012.

[12] Deitel H M ，Deitel P J. Java 程序设计教程 [M] . 5 版 . 施平安，施惠琼，柳赐佳，译 . 北京：清华大学出版社，2005.